开胃爽口

凉拌菜

张慧琪◎编著

河北出版传媒集团
河北科学技术出版社

图书在版编目（CIP）数据

开胃爽口凉拌菜 / 张慧琪编著 . -- 石家庄：河北科学技术出版社，2015.11

ISBN 978-7-5375-8142-4

Ⅰ．①开… Ⅱ．①张… Ⅲ．①凉菜－菜谱 Ⅳ．① TS972.121

中国版本图书馆CIP数据核字(2015)第300715号

开胃爽口凉拌菜

张慧琪　编著

出版发行	河北出版传媒集团　河北科学技术出版社	
地　　址	石家庄市友谊北大街 330 号　（邮编：050061）	
印　　刷	三河市明华印务有限公司	
经　　销	新华书店	
开　　本	710×1000　1/16	
印　　张	10	
字　　数	150 千字	
版　　次	2016 年 1 月第 1 版	
	2016 年 1 月第 1 次印刷	
定　　价	32.80 元	

前　言

　　随着时代的进步，人们对生活品质的要求越来越高，吃、穿、住、行概莫能外。日常饮食与人体的健康状况息息相关，人们已开始重视食品种类和营养的搭配。如今，食品安全问题也受到普遍关注，为了饮食健康，许多人更青睐以自己烹饪的方式来表达对家人的关爱。自己烹制美食，不仅可以维护健康，也能提升家人之间的融合度，提高家庭生活的幸福和美满指数。

　　为了让大家在烹饪时能有据可依，以便更轻松地制作出受家人欢迎的美食，同时充分享受烹饪的乐趣，我们特意编写了这套菜谱。为满足各类人群、各个年龄段对饮食的不同需求，适合个人口味偏好，本套菜谱编写范围较广，包含家常菜、小炒、私房菜、特色菜、川菜、湘菜、东北菜、火锅、主食、汤煲等，不一而足，希望能够满足各类读者对于美食的独特需求。

　　我们力求让读者一读就懂，一学就会，一做便成功。书中详尽介绍了食物制作所需的主料与配料，并对操作步骤进行了细致地讲解，同时关于操作过程中需要注意的事项也重点阐述。即便您从来没有下过厨房，也可以在菜谱的帮助下制作出美味可口的菜品。

　　在教您烹饪的基础上，我们对食材与菜品的营养成分进行了解析，以帮助您选择适合家人营养需求与口味的菜肴。希望可以让您吃得健康、吃得明白。

另外，我们为每道菜都配有精美的图片，在掌握制作方法的同时，给您带来一场视觉上饕餮盛宴。看着令人垂涎欲滴的图片，想必您一定能胃口大开，在享受美食的同时，体会到烹饪带给您的巨大乐趣。

美味的食物不仅可以给您带来味蕾上的满足感，更重要的是每一种食物都蕴藏着养生的智慧。希望在您享受美食的过程中，您的体质与生活质量都能得到更好的改变。

在这套菜谱的编写过程中，我们请教了烹饪大师、营养师等相关人士，他们给予了我们极大的帮助，在此表示深深的谢意。然而，我们的水平有限，书中难免出现疏漏之处，敬请读者指正。在此一并表示感谢！

目 录
CONTENTS

Chapter 1
爽口时蔬凉拌菜 001

菠菜拌四宝 / 2

香菇酱菠菜 / 2

芝麻酱拌菠菜 / 3

黄芥末菜卷 / 4

辣白菜卷 / 4

菠菜花生米 / 5

凉拌菜根 / 6

芥末拌生菜 / 6

葱油芥蓝 / 7

杏仁拌芥蓝 / 8

杏仁拌苦菊 / 8

素拌凉菜 / 9

椒蒜西蓝花 / 10

核桃仁芹苗 / 10

凉拌香芹 / 11

酸辣玉芦笋 / 12

芥末红椒拌木耳 / 12

上汤鲜蘑 / 13

凉拌黄花菜 / 14

红油拌莴笋 / 14

拌山药丝 / 15

麻辣明笋丝 / 16

红油拌冬笋 / 16

凉拌藕片 / 17

腌茄子 / 18

功夫黄瓜 / 18

蒜酱拌茄子 / 19

凉拌脆瓜丝 / 20

五味苦瓜 / 20

冰镇苦瓜 / 21

红油南瓜丝 / 22

蒜泥拌菱瓜丝 / 22

蜜枣柠檬瓜条 / 23

凉拌花椒芽 / 24

脆皮玉米 / 25

风味白萝卜皮 / 26

木耳拌胡萝卜 / 26

清拌苦瓜 / 27

橙汁山药 / 28

芹菜拌土豆丝 / 28

土豆泥 / 29

清汤素什锦 / 30

凉拌素什锦 / 30

凉拌美味三鲜 / 31

三色杏仁 / 32

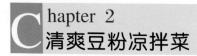

Chapter 2
清爽豆粉凉拌菜 033

五香芹菜豆 / 34

香椿拌松花豆腐 / 34

百合蚕豆 / 35

剁椒红白豆腐 / 36

川式米豆腐 / 36

翡翠豆腐 / 37

海味松花拌豆腐 / 38

麻辣腐皮丝 / 38

凉拌金橘豆腐 / 39

草莓豆腐 / 41

枸杞鲜豆皮卷 / 42

青豆拌腐皮 / 42

牛肉粒拌豆腐 / 43

烫干丝 / 44

核桃仁拌豌豆苗 / 54

凉拌豌豆苗 / 55

芝麻拌凉粉 / 56

湖南米粉 / 56

川北凉粉 / 57

酸辣蕨根粉 / 58

荷兰粉 / 58

芥末拌粉皮 / 59

粉丝拌银针 / 60

火腿肠拌粉丝 / 60

香菇拌米粉 / 61

粉丝清拌黄瓜 / 62

麻辣粉皮 / 63

剁椒粉皮 / 64

井冈山油豆皮 / 44

青椒拌豆干 / 45

凉拌三丝 / 46

冬笋拌荷兰豆 / 46

笋丝豆腐渣 / 47

香辣豇豆 / 48

姜汁豇豆 / 48

姜末扁豆 / 49

芥末扁豆丝 / 50

红椒拌扁豆 / 50

凉拌豇豆 / 51

盐水毛豆 / 52

怪味银芽 / 52

银耳拌豆芽 / 53

Chapter 3
美味禽蛋凉拌菜 065

仔姜蛰皮拌鸭丝 / 66

鸡丝冻粉 / 66

南京盐水鸭 / 67

银芽鸡丝榨菜 / 68

麻油鸡 / 68

鸡丝大拉皮 / 69

白斩鸡 / 70

口水鸡 / 70

风暴仔鸡 / 71

黄瓜拌鸡丝 / 72

观音茶香鸡 / 73

雪梨鸡丝 / 74

椒麻卤鹅 / 74

芥末鸡 / 75

手撕鸡拌蛰皮 / 76

红油拌鸭掌 / 76

川味鸡条 / 77

辣椒拌鸭舌 / 78

白烧鸭肝 / 78

醉三黄鸡 / 79

凉拌鸭肝 / 80

红油鸡丝 / 80

凉粉鱼拌鸡 / 81

山椒鸡胗 / 82

泡椒鹅肠 / 82

麻香鸭舌 / 83

黄瓜拌鸡肝 / 84

银鱼拌炒蛋 / 85

白萝卜拌鸡丝 / 86

百果双蛋 / 87

冬瓜鸡蛋 / 88

酸奶魔蛋 / 88

芋丝拌鸭肠 / 89

韭香蛋皮 / 90

手撕鸭脯 / 90

翡翠凤爪 / 91

皮蛋牛肉粒 / 92

皮蛋拌辣椒 / 92

蛋丝拌菠菜 / 93

椒麻鸡块 / 94

蛋黄菜卷 / 95

麻仁鸽蛋 / 96

Chapter 4
浓香畜肉凉拌菜 097

椒油肉渣芸豆 / 98

蒜香白肉 / 98

小酥肉 / 99

猪耳拌黄瓜 / 100

蒜泥莴笋肉 / 100

松仁小肚 / 101

果仁拌牛肉 / 102

蒜泥拌白肉 / 102

九味白肉 / 103

湘卤手撕牛肉 / 104

夫妻肺片 / 104

川味风干肠 / 105

辣拌酱牛肉 / 106

辣酱麻蓉里脊 / 107

家常拌猪耳 / 108

红油猪耳 / 108

风味牛肉 / 109

椒麻舌片 / 110

炝猪肝 / 110

川卤牛肉 / 111

花雕炝腰片 / 112

椒麻腰花 / 112

冻肘子 / 113

凉拌肉皮丝 / 114

萝卜干拌肚丝 / 114

椒麻猪肝 / 115

麻辣拌猪皮 / 117

白切猪肚 / 118

牛肚拌金针 / 118

海蜇拌腰条 / 119

青辣椒拌肚丝 / 120

麻辣毛肚 / 120

麻辣拌肚丝 / 121

麻香椒油百叶 / 122

芥末百叶 / 122

麻辣爽脆猪肚 / 123

五香卤大肠 / 124

腊肠拌年糕 / 124

笋丝牛肚 / 125

蒜泥血肠 / 126

Chapter 5
鲜香水产凉拌菜 127

椒麻鱿鱼 / 128

草鱼肉拌菜丝 / 128

麻辣鱼条 / 129

醋拌木松鱼黄瓜 / 130

金枪鱼什锦 / 130

五香熏鱼 / 131

温拌海螺 / 132

酸甜脆八带 / 132

香葱拌八带 / 133

鱼干葱丝 / 134

豉椒拌鱼干 / 134

小鱼圆葱拌花生 / 135

尖椒拌鱼皮 / 136

三丝鱼皮 / 136

贡菜拌鱼皮 / 137

菠菜拌海蜇 / 138

芹菜拌海蜇皮 / 138

凉拌海蜇皮 / 139

黄花菜拌海蜇 / 140

木耳拌蜇头 / 140

醋芥末海蜇 / 141

糖醋蜇丝 / 142

茼蒿拌海肠 / 142

青豆拌海蜇头 / 143

芹菜心拌海肠 / 144

金针拌海肠 / 144

小虾仁拌香芹 / 145

虾干拌莴苣 / 146

虾皮拌尖椒 / 146

香菜拌虾皮 / 147

贡菜拌鳝丝 / 148

冰镇海参 / 148

海虹拌菠菜 / 149

菠菜拌毛蛤蜊 / 150

刺身毛蛤蜊 / 150

芥末扇贝 / 151

巧拌鲜贝 / 152

海鲜汁腌小海螺 / 152

爽口时蔬凉拌菜

Chapter 1

菠菜拌四宝

主 料 菠菜 100 克，粉丝、花生仁各 50 克，
杏仁、玉米粒各 30 克

配 料 植物油 15 克，辣椒油 10 克，蒜末
5 克，精盐、味精各 3 克，生抽、
醋各 5 克

·操作步骤·

① 粉丝泡软洗净；菠菜洗净切段。

② 粉丝、菠菜分别放沸水锅中焯熟，放盘
中晾凉；杏仁、花生仁、玉米粒都在水
中煮一下，放在盛菠菜的盘中。

③ 将辣椒油、精盐、味精、蒜末、生抽、
醋倒入菠菜盘中，拌匀即可。

·营养贴士· 此菜具有益气补血的功效。

香菇酱菠菜

主 料 菠菜 300 克，酸笋 30 克

配 料 香菇酱 25 克，辣椒油 8 克，蒜末
5 克，食盐、植物油各少许

·操作步骤·

① 菠菜去根、老叶，洗净；酸笋用清水投
洗 1 遍，切成小丁。

② 锅内烧开水，放入菠菜焯熟，然后将菠
菜捞出放入冷水中泡一会儿，再控干水
分，摆入盘中。

③ 炒锅上火，加植物油烧热，下入蒜末、
香菇酱、酸笋丁、盐、辣椒油炒出香味，
再加少许清水煮制，待汤汁浓稠浇到菠
菜上即可。

·营养贴士· 食用菠菜具有通血脉、开胸膈、
下气调中、止渴润燥的功效。

芝麻酱拌菠菜

主 料 菠菜 300 克，干木耳 10 克

配 料 食盐、鸡精各 5 克，白糖 3 克，芝麻酱、葱白丝、蒜泥各少许，白醋、辣椒油、生抽各适量

·营养贴士· 菠菜含有类似胰岛素样的物质，作用与胰岛素很相似，可以使血糖保持平衡，而且它的维生素含量很可观。

·操作要领· 冲调芝麻酱时要朝一个方向搅拌，这样可以尽快将芝麻酱调均匀。

·操作步骤·

① 温水泡发木耳，洗净后撕成小朵；菠菜择好洗干净，切段。

② 锅中注水烧开，放入少许食盐，分别将木耳、菠菜焯水至断生，取出后用凉水冲凉，沥干水分。

③ 用温水冲调芝麻酱，稠度适中后加入蒜泥、白糖、食盐、白醋、生抽、鸡精、辣椒油拌匀。

④ 将菠菜、木耳、葱白丝放入碗中，加入酱汁搅拌均匀即可。

黄芥末菜卷

主料 ➡ 大白菜 200 克

配料 ➡ 红辣椒、盐、油、芥末各适量

·操作步骤·

① 大白菜只取它的叶子，用清水洗净。

② 锅里水烧开，放盐、油，将白菜放进锅里，焯一下。

③ 烫好后捞出卷起来，摆入盘中，自然放凉。

④ 将芥末淋在卷好的菜卷上面，最后放上红辣椒段点缀即可。

·营养贴士· 白菜其性微寒，有清热除烦、解渴利尿、通利肠胃、清肺热之效。

辣白菜卷

主料 ➡ 圆白菜 500 克

配料 ➡ 花椒 10 克，花生油 15 克，精盐 5 克，味精 3 克，青辣椒、红辣椒各少许，米醋、辣椒油各适量

·操作步骤·

① 将白菜叶一片一片从根部整个掰下，洗净备用。

② 锅中加水烧开，将白菜叶放入焯熟，捞出控水。

③ 待菜叶稍凉，将其逐个卷成大小均匀的卷，码入盘中。

④ 取一小碗，将适量辣椒油、米醋、盐、味精拌匀，倒在码好的白菜卷上，再以青椒丝、红椒丝点缀即可。

·营养贴士· 白菜有清热除烦、解渴利尿、通利肠胃的功效。经常吃白菜可防止维生素 C 缺乏症。

主料 菠菜 150 克，花生米 50 克

配料 蒜末 5 克，盐 2 克，陈醋 15 克，白糖、味精各 1 克，植物油适量

菠菜花生米

·营养贴士· 菠菜中含有大量的铁、胡萝卜素、叶酸等微量元素，多吃菠菜可以使人面色红润、有光泽。

·操作要领· 菠菜要选叶子鲜绿、根部发红的，这样的比较嫩，吃起来口感好。

·操作步骤·

① 菠菜择洗干净，放入开水锅中焯烫一下，再用凉水投凉，捞出沥干水分备用。

② 凉油下花生米，小火慢炸，炸至表面变色时捞出，控油，晾凉备用。

③ 将菠菜放到一个大点的容器里，倒入用蒜末、陈醋、白糖、盐、味精调好的料汁，拌匀，加入炸好的花生米即可。

凉拌**菜根**

主 料▶ 白菜根 200 克

配 料▶ 韩式辣酱 30 克,香醋、生抽各 15 克,花椒油 5 克,食盐、香油、黑芝麻各少许

·操作步骤·

① 白菜根削去须根及泥土多的部分,保留部分菜叶,洗净,放入淡盐水中浸泡 20 分钟。

② 捞出白菜根,控水后切成条,放入沸水锅中焯熟,捞出过凉水,沥干水分。

③ 白菜根放入碗中,放入韩式辣酱、精盐、香醋、生抽、香油、黑芝麻拌匀,浇入花椒油,再次拌匀即可。

·营养贴士· 白菜根味甘、性微寒,具有清热利水、解表散寒、养胃止渴的功效。

芥末**拌生菜**

主 料▶ 奶油生菜 200 克,樱桃番茄 50 克

配 料▶ 熟白芝麻 25 克,花生碎 15 克,芥末粉 10 克,白醋 15 克,白糖 5 克,精盐、鸡精各 3 克

·操作步骤·

① 奶油生菜掰开洗净,切成段;樱桃番茄洗净,切片。

② 芥末粉放在小碗内,加少许沸水浸泡,随后把花生碎、白醋、白糖、精盐、鸡精倒入小碗内,拌匀。

③ 生菜、樱桃番茄放在盘内,把调好的汁浇在上面,撒入熟白芝麻即可食用。

·营养贴士· 生菜营养丰富,还具有清热安神、清肝利胆、养胃的功效。

葱油芥蓝

主 料▶ 芥蓝 200 克，青椒、红椒各 15 克

配 料▶ 葱白、姜各 10 克，植物油、干辣椒、生抽、食盐、蒜各适量

·营养贴士· 芥蓝含丰富的维生素 A、维生素 C、钙、蛋白质、脂肪和植物糖类，具有利水化痰、解毒祛风、除邪热、解劳乏、清心明目等功效。

·操作要领· 芥蓝焯水的时间不要太长，否则会影响菜的口感。

·操作步骤·

① 芥蓝去除老茎，洗净；葱白、姜切丝；青椒、红椒切丝；干辣椒切斜段；蒜切末。

② 锅中置水，烧开后放入食盐、芥蓝，焯水至断生，过凉水后沥干水分，整齐地码入盘中，上面摆好青椒丝、红椒丝、葱丝、姜丝。

③ 锅烧热放入植物油，加入干辣椒段、蒜末，出香味后趁热浇至芥蓝上，最后调入生抽，食用时拌匀即可。

杏仁拌芥蓝

主料 芥蓝 200 克，杏仁 50 克

配料 香油 10 克，白糖 5 克，精盐、味精各 2 克，青椒、红椒各适量

·操作步骤·

① 将芥蓝洗净，切 1 厘米长的段；青椒、红椒洗净切小菱形片。

② 将芥蓝放入开水锅中焯一下，即刻捞出沥干。

③ 用白糖、精盐、味精和少量水调成味汁，并浇入热香油。

④ 将芥蓝段、杏仁、红青椒片同味汁一起拌匀即可。

·营养贴士· 芥蓝含有丰富的维生素，能刺激人的味觉神经，增进食欲，加快胃肠蠕动，有助于人体消化。

杏仁拌苦菊

主料 苦菊 150 克，杏仁 50 克

配料 蒜 10 克，醋、生抽各 4 克，盐、白糖各 2 克

·操作步骤·

① 将杏仁用水泡 24 小时左右，中间换 3~5 次水。

② 杏仁去皮后放入开水锅中焯 3 分钟，苦菊洗净切段，杏仁和苦菊一起放入盘中。

③ 将蒜捣成泥状，加入适量盐、生抽、醋及少许白糖调汁，再将料汁倒入菜中调匀即可。

·营养贴士· 此菜有消炎降暑、养血下火、润肺化痰、护肝、美容养颜的功效。

素拌凉菜

主料 韭菜、菠菜各100克，豆芽50克，胡萝卜1根

配料 蒜蓉、食盐、味精各适量

操作步骤

准备所需主材料。

将豆芽去掉头和尾；胡萝卜切丝；韭菜切段。

将菠菜放入沸水中焯熟后切段。

将食材全部放入容器内，放入蒜蓉、食盐、味精搅拌均匀即可。

烹饪心得

营养贴士：菠菜中含有大量的 β 胡萝卜素和铁，也是维生素 B_6、叶酸、铁和钾的极佳来源。其中丰富的铁对缺铁性贫血有改善作用，能令人面色红润，光彩照人。

操作要领：准备的时候可以将豆芽按扁，这样可以使豆芽更入味。

椒蒜西蓝花

主料 西蓝花 250 克，红椒 2 个

配料 白糖、干辣椒段、食盐各 5 克，白醋 15 克，鸡精 3 克，香油 3 克，植物油 20 克，蒜末适量

·操作步骤·

① 西蓝花洗净掰成小朵，焯熟，过凉水，沥干水分；红椒洗净，切粒。

② 取一小碗，加入食盐、白醋、白糖、鸡精、香油、红椒粒、蒜末搅拌均匀，倒入西蓝花中。

③ 锅中烧植物油，放入干辣椒段，然后将辣椒油倒入西蓝花中拌匀即可。

·营养贴士· 西蓝花富含维生素 C，而且具有防癌抗癌的功效。

核桃仁芹苗

主料 芹苗 200 克，生核桃仁 100 克，红杭椒 1 个

配料 食盐、白糖各 5 克，白醋、生抽、花椒油、姜末、蒜末各适量，香油少许

·操作步骤·

① 芹苗去除根部，择洗干净，沥干水分；生核桃仁放入沸水中焯 2 分钟，捞出过凉水，沥干水分；红杭椒洗净，切圈。

② 碗中放入芹苗、核桃仁，再加入红杭椒圈、姜末、蒜末、食盐、白糖、白醋、生抽、花椒油、香油拌匀即可。

·营养贴士· 芹菜中胡萝卜素和维生素含量丰富，而且芹菜的叶茎别具芳香，能增强食欲。

凉拌香芹

主 料 香芹 250 克

配 料 剁椒、红椒各 30 克，蒜瓣 3 个，
香醋 15 克，花椒油 10 克，白糖
10 克，食盐 5 克，鸡精 3 克

·操作步骤·

① 香芹择去叶子，洗净切段；红椒洗净切丝；
剁椒剁细；蒜瓣用刀背拍碎。

② 香芹放入沸水锅中，焯水至断生，捞出过
凉水，沥干水分。

③ 香芹放入碗中，淋入以蒜、香醋、花椒
油、剁椒、白糖、食盐、鸡精调成的汁
拌匀，最后撒上红椒丝即可。

·营养贴士· 香芹是高纤维食物，具有抗
癌防癌的功效，它经肠内消
化作用产生一种木质素物
质，可抑制肠内细菌产生的
致癌物质。

·操作要领· 香芹焯好后要迅速倒进一大
盆凉水中，否则香芹会变黄。

酸辣玉芦笋

主料▶ 芦笋 200 克

配料▶ 精盐 2 克，醋、辣椒油各 50 克

·操作步骤·

① 芦笋洗净去皮，切成长 8 厘米、厚 0.3 厘米的片，放入沸水锅中氽熟，捞入盆内。

② 取一小碗，放入精盐、辣椒油、醋，调成酸辣味汁。

③ 将调好的味汁倒入芦笋中，拌匀装盘即可。

·营养贴士· 芦笋中含有大量的硒，硒可以有效抑制致癌物的活力，控制癌细胞的生长，几乎对所有癌症都有一定的疗效。

芥末红椒拌木耳

主料▶ 干木耳 20 克，红椒 100 克

配料▶ 食盐 10 克，生抽少许，醋、香油、芥末油、香菜各适量

·操作步骤·

① 干木耳用温水泡发，去除根部，撕成小朵；红椒洗净切丝；香菜切段。

② 锅中水烧开，加入适量食盐，放入木耳焯熟，捞出后过凉水，沥干水分。

③ 将木耳、红椒丝、香菜段放入碗中，调入食盐、生抽、醋、香油、芥末油拌均匀即可。

·营养贴士· 芥末具有开胃的作用，能增进食欲，另外，常食用还有解毒、美容养颜等功效。

上汤
鲜蘑

主 料 双孢菇、香菇各3朵，银耳50克，小油菜2棵，胡萝卜少许

配 料 高汤、食盐、鸡精、美极鲜、白醋、白糖各适量

·操作步骤·

① 银耳泡发，洗净，撕成小朵；双孢菇、香菇分别洗净，切成片；小油菜洗净，对半切开；胡萝卜切成片状花形。

② 锅内加水，烧开，分别将银耳、双孢菇、香菇、小油菜焯水至断生，捞出后过凉水，沥干水分。

③ 取一碗，以小油菜垫底，放入剩余主料。

④ 锅中加高汤烧开，加入胡萝卜、食盐、鸡精、美极鲜、白醋、白糖，调匀，倒入主料中，拌匀即可。

·营养贴士· 银耳是传统的美容保健食品，其富含的维生素D能有效地防止体内钙的流失，有利于人体的生长和发育。

·操作要领· 最好选择尽可能小的油菜，这样更容易入味。

凉拌**黄花菜**

主 料 干黄花菜、胡萝卜各 100 克, 黄瓜适量

配 料 蒜末 20 克, 盐、生抽、香油各适量

· 操作步骤 ·

① 将干黄花菜浸入温水中泡软, 拣去老梗洗净; 黄瓜、胡萝卜洗净切丝。

② 锅中放入水烧开, 加入泡好的黄花菜煮开。

③ 把煮好的黄花菜捞出晾凉, 然后挤出多余的水分。

④ 把黄瓜和胡萝卜放在黄花菜上面, 再放入蒜末和盐、生抽、香油, 拌匀即可。

· 营养贴士 · 黄花菜性味甘凉, 有止血、消炎、清热、利湿、消食、明目、安神等功效。

红油**拌莴笋**

主 料 莴笋 300 克

配 料 红油 20 克, 姜汁、白醋各 10 克, 食盐 3 克, 干辣椒段适量, 鸡精、香油各少许

· 操作步骤 ·

① 莴笋去皮洗净, 改刀切片。

② 锅中烧开水, 下入莴笋片焯烫 1 分钟, 捞出过凉水, 沥干水分。

③ 莴笋放入碗中, 调入姜汁、白醋、鸡精、香油、食盐。

④ 锅中加红油烧热, 下入干辣椒段炸香, 最后连油浇到莴笋上, 拌匀即可。

· 营养贴士 · 莴笋中, 钾含量大大高于钠含量, 有利于体内的水电解质平衡, 并对高血压、水肿、心脏病人有一定的食疗作用。

主料 山药200克，胡萝卜、青椒各50克，鲜香菇1朵

配料 食盐5克，鸡精3克，白醋、橄榄油各15克，白糖20克

拌山药丝

·操作步骤·

① 山药去皮，洗净切成丝；胡萝卜、青椒、鲜香菇分别洗净，切成丝。

② 将山药、胡萝卜、青椒、鲜香菇分别放入沸水锅中焯一下，过凉水，沥干水分。

③ 将所有主料放入碗中，加入食盐、鸡精、白醋、白糖、橄榄油拌匀即可。

·营养贴士· 这道菜有健脾益胃、滋肾益精、益肺止咳、降低血糖等作用。

·操作要领· 山药焯过水，表面会有一层黏液，一定要清洗干净，否则会影响口感。

麻辣**明笋丝**

主 料 明笋 400 克

配 料 盐 3.5 克，味精 2.5 克，芝麻酱 10 克，麻辣油、香醋、白糖、葱、香油各适量

·操作步骤·

① 明笋洗净，切条备用。

② 锅内坐水，舀一小匙白糖入锅搅匀，烧开后，把切好的笋条倒入锅中氽煮至断生，捞出迅速过凉水，控干水备用。

③ 将控水后的明笋放入碗中调味，依次添加盐、白糖、味精、香醋、芝麻酱、麻辣油、香油、葱拌匀，装盘即可。

营养贴士 食用笋不仅能促进肠道蠕动，帮助消化，还有预防大肠癌的功效。

红油**拌冬笋**

主 料 冬笋 300 克，猪肉 50 克

配 料 食盐 5 克，鸡精 3 克，姜末、蒜末、辣椒油、植物油各适量，香油少许

·操作步骤·

① 冬笋洗净，改刀切条，放入沸水中焯烫一下，捞出过凉水，沥干水分；猪肉洗净，切粒。

② 锅中放入少许植物油，加入猪肉粒，然后加入少许食盐、鸡精、姜末，炒熟后盛出。

③ 冬笋条、猪肉粒放入碗中，加入辣椒油、食盐、香油、蒜末调味，拌匀即可。

营养贴士 竹笋具有低糖、低脂的特点，富含植物纤维，可降低体内多余脂肪。

主 料 鲜莲藕 300 克

配 料 植物油 15 克，食盐 5 克，鸡精 3 克，干辣椒段、白糖、白醋、花椒油各适量

·营养贴士· 藕富含大量淀粉、蛋白质、维生素及各种矿物质，其肉质肥嫩，口感脆甜，男女老幼都非常适合食用。

·操作要领· 不要用铁锅焯莲藕，因为铁器皿会使莲藕变黑。

凉拌**藕片**

·操作步骤·

① 莲藕去皮洗净，切成薄片。

② 锅中烧开水，加入适量食盐，放入藕片焯水至断生，捞出过凉水，沥干水分。

③ 将藕片放入一个大碗中，加入食盐、鸡精、白糖、白醋、花椒油拌匀。

④ 炒锅中放少许植物油，中小火加入干辣椒段炸香，连油浇到藕片上，调匀，摆盘即可。

腌**茄子**

主 料 长茄子 300 克,青椒、红椒各 30 克

配 料 白醋 15 克,白糖 10 克,食盐 5 克,
鸡精 3 克,蒜末、香菜各适量

· 操作步骤 ·

① 茄子洗净,顺着茄子划成条,保持尾部
相连。

② 蒸锅烧开水,放入茄子蒸 15 分钟,取出
晾凉,控干水分。

③ 香菜去叶留梗,青椒、红椒洗净,全
部切成粒,放入小碗中,加入食盐、
鸡精、白糖、白醋、蒜末拌匀。

④ 茄子放入碗中,淋入调好的汁拌匀,腌
渍 1 小时后即可食用。

· 营养贴士 · 茄子具有清热止血、消肿止痛、
保护心血管、降血脂、降血压
等功效。

功夫**黄瓜**

主料 黄瓜 250 克,韭菜 20 克,洋葱 15 克

配料 葱白 30 克,蒜瓣 10 克,生抽、香
醋各 15 克,花椒油 8 克,食盐 3 克,
鸡精少许

· 操作步骤 ·

① 黄瓜洗净去蒂,切成厚约 2 厘米的段,
以少许食盐腌渍 20 分钟。

② 洋葱、葱白、蒜瓣洗净,均切碎;韭菜
择好洗净,切小段。

③ 洋葱、葱白、蒜碎、韭菜放入碗中,
调入生抽、香醋、鸡精、食盐、花椒油,
拌匀制成调味汁。

④ 腌好的黄瓜沥去水分,浇入调味汁,拌匀
腌渍 30 分钟,食用时摆盘即可。

· 营养贴士 · 黄瓜具有清热利水、解毒的功
效。

蒜酱
拌茄子

主 料▶ 长茄子 300 克

配 料▶ 葱白 15 克，香菜
1 根，姜 2 片，蒜
4 瓣，香菇酱 15 克，
生抽、蚝油各 5 克，
白糖 3 克，植物油
20 克

·操作步骤·

① 茄子洗净，切成 5 厘米长、
2 厘米宽的条；葱白、蒜、
姜切末；香菜切段。

② 锅中倒入植物油，油热后
放入葱末、姜末、蒜末，
炒出香味后，加入香菇
酱、生抽、白糖、蚝油，
炒匀后加水大火煮开，
转中火煮至汤浓稠，酱
就做好了，盛出晾凉即
可。

③ 将切好的茄子码放在盘子
中，蒸锅水烧开后，放
入茄子，大火蒸 8 分钟。

④ 茄子取出晾凉，加入香菜
段，淋上酱拌匀即可。

·营养贴士· 茄子中除含有一般蔬菜所共有的营养成分
外，还含有丰富的维生素 P，是其他蔬菜
所不及的。

·操作要领· 在蒸茄子前可以先将茄子放在沸水中烫一
下，一来可以去除茄子的涩味，二来可以
缩短蒸茄子的时间。

凉拌脆瓜丝

主料 黄瓜 200 克，绿豆芽、素鸡各 50 克

配料 蒜蓉 10 克，白醋 15 克，生抽 8 克，
白糖 5 克，食盐 3 克，花椒油、香
油各少许

·操作步骤·

① 绿豆芽去头、根，洗净，放入沸水中焯熟，
捞出过凉水，沥干水分。

② 素鸡放入沸水中煮熟，捞出，手撕成条。

③ 黄瓜去皮，洗净，切成丝，用少许食盐
腌渍 10 分钟，控去水分。

④ 所有主料放入碗中，淋入以配料调成的
汁，拌匀即可。

·营养贴士· 鲜黄瓜中含有丙醇二酸，它有
抑制糖类转化为脂肪的作用，
能够瘦身减肥。

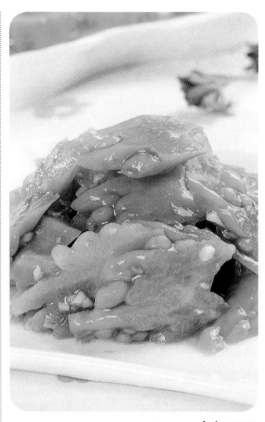

五味苦瓜

主料 苦瓜 1 根

配料 食盐、鸡精、白糖各 5 克，陈醋适
量，姜、蒜、香油、辣椒油各少许

·操作步骤·

① 苦瓜对剖切开，挖去瓤、籽，切片；姜、
蒜均切末。

② 苦瓜下沸水锅中，放食盐，煮 1~2 分钟，
捞出后用凉水冲凉。

③ 冲凉后的苦瓜沥干水分放入碗里，加入
食盐、鸡精、白糖、姜末、蒜末、陈醋、
辣椒油、香油拌匀即可。

·营养贴士· 苦瓜具有清热解暑、明目解毒
的作用。

主 料 苦瓜 300 克

配 料 白醋 30 克，蜂蜜 25 克，食盐、冰块各适量，樱桃罐头少许

·操作步骤·

① 苦瓜洗净，对半剖开，挖去瓤、籽，切长薄片。

② 苦瓜片浸泡在冰水或凉开水里加冰块，放入冰箱，浸泡 2 小时。

③ 取出苦瓜片，倒掉冰水，另取一盘以冰块垫底，放入苦瓜摆盘，点缀樱桃。

冰镇苦瓜

④ 取一小碟，放入蜂蜜、白醋、食盐调匀，食用时当佐料即可。

·营养贴士· 苦瓜具有清暑解渴、降血压、降血脂、养颜美容、促进新陈代谢等功效。

·操作要领· 一定要将苦瓜里的瓤、籽去干净，否则会非常苦。

蒜泥拌荬瓜丝

主料 荬瓜 400 克

配料 醋 10 克，精盐、白糖各 3 克，姜丝 2 克，葱丝 3 克，蒜泥 5 克，红椒、香油、香菜各适量

· 操作步骤 ·

① 荬瓜洗净去皮，切成细丝；红椒切粒；香菜切段；将醋、姜丝、葱丝、蒜泥、香油调成碗汁备用。

② 将荬瓜丝焯一下，沥干水分，然后用精盐、白糖拌匀，与红椒、香菜一起盛入盘内。

③ 将碗汁浇入盘内，吃时拌匀即可。

· 营养贴士 · 此菜具有清热利尿、除烦止渴、润肺止咳、消肿散结等功效。

红油南瓜丝

主料 南瓜 200 克，红柿子椒 100 克

配料 精盐 2 克，生抽、醋各 5 克，香油 2 克，红油 15 克

· 操作步骤 ·

① 南瓜洗净去皮去瓤，切丝；红柿子椒洗净去籽，切丝。

② 南瓜丝焯水至断生。

③ 将南瓜丝、红柿子椒丝与所有配料拌匀即成。

· 营养贴士 · 此菜具有润肺益气、化痰排脓的功效。

蜜枣 柠檬瓜条

主 料 冬瓜 200 克，蜜枣适量

配 料 柠檬 50 克，蜂蜜适量

·营养贴士· 柠檬富含维生素 C、糖类、钙、磷、铁、维生素 B_1、维生素 B_2、高量钾元素和低量钠元素等，对人体十分有益。

·操作要领· 最好不要用冬瓜中间软的部分，否则会影响口感。

·操作步骤·

① 把鲜柠檬放到榨汁机中，榨出柠檬汁备用；蜜枣切开备用；将冬瓜去皮去瓤，切成条状备用。

② 锅置火上加适量水，把切好的冬瓜条倒入水中焯烫至七成熟。

③ 冬瓜焯烫后放入冷水中激一下，让其保持脆爽。

④ 沥干水分，冬瓜条放入盘中浇柠檬汁。

⑤ 加蜜枣、蜂蜜即成。

凉拌花椒芽

主 料▷ 花椒芽 200 克，红辣椒 1 个

配 料▷ 蒜、食盐、味精各适量

操作步骤

准备所需主材料。

将花椒芽放入沸水中焯熟。

将红辣椒切丁；蒜切末。

把花椒芽、红辣椒丁、蒜末放入碗内，然后再放入食盐、味精，搅拌均匀即可。

 烹饪心得

营养贴士：花椒芽属于高蛋白质、高膳食纤维，且富含维生素和矿物质的蔬菜。

操作要领：花椒芽焯的时间不能太长，否则会使它失去麻味。

脆皮
玉米

主　料▶ 玉米 200 克，鸡蛋 1
个

配　料▶ 植物油、玉米淀粉各
适量

·操作步骤·

① 玉米洗净控干水，撒上一
层玉米淀粉，让淀粉裹
匀每粒玉米。

② 加进一些鸡蛋液拌匀，使
每个玉米粒都蘸上鸡蛋
液，然后在上面再撒上
一层玉米淀粉，拌匀。

③ 锅内多倒些植物油，油
温五成热时，下玉米粒
炸至外酥内熟时捞起装
盘，自然晾凉即可食用。

·营养贴士· 此菜具有杀菌、促进皮肤的新陈代谢、
护肤、防癌、降脂等功效。

·操作要领· 制作过程中不要用太多鸡蛋和玉米淀
粉，否则炸制时会脱落，影响口感、
质地。

木耳拌**胡萝卜**

主 料▶ 干黑木耳 15 克，胡萝卜、瘦猪肉
各 50 克

配 料▶ 食盐 5 克，味极鲜、料酒、植物油
各适量，葱花、姜末、白醋、鸡精
各少许

·操作步骤·

① 将瘦猪肉切成薄片，放入碗中加食盐、
姜末、料酒腌渍片刻；黑木耳泡发，撕
成小朵，胡萝卜切成圆片，分别焯水，
过凉水，沥干水分。

② 热锅中放入植物油，将肉片加少许食盐炒
熟盛出。

③ 黑木耳、胡萝卜、肉片放入容器中，加
入食盐、白醋、鸡精、味极鲜搅拌均匀，
撒上葱花即可。

·营养贴士· 黑木耳味道非常鲜美，营养很
丰富，搭配荤素食用均可。

风味**白萝卜皮**

主 料▶ 白萝卜 1 个，红彩椒 30 克

配 料▶ 食盐 5 克，美极鲜味汁 10 克，白
醋 25 克，白糖 15 克，香油、蒜末、
葱花各适量

·操作步骤·

① 白萝卜洗净，将萝卜皮连肉切成正方形
的片；红彩椒洗净切粒。

② 取一个小碗，加入红彩椒粒、蒜末、葱花、
白醋、白糖、食盐、美极鲜味汁、香油
调匀。

③ 白萝卜皮放入碗中，倒入多一半的酱汁
腌渍 1 小时左右，食用时再倒入剩余酱
汁拌匀即可。

·营养贴士· 萝卜皮富含萝卜硫素，可增
强人体免疫能力。

清拌苦瓜

主 料 苦瓜 300 克

配 料 干辣椒丝 15 克，香醋 15 克，白糖
10 克，鸡精 3 克，植物油、食盐
各适量，香油少许

·营养贴士· 苦瓜味苦、微寒，有清热、
解毒、利尿等作用，但是
寒气重的人群不宜食用。

·操作要领· 爆香干辣椒丝的时候，一定
要用小火，以使辣椒油更香。

·操作步骤·

① 苦瓜洗净，对半剖开，去除瓤、籽，切
成长条，放入加有少许食盐的清水中浸
泡。

② 苦瓜放入沸水中焯水至断生，捞出过凉
水，沥干水分，放入碗中，加入白糖、鸡精、
食盐。

③ 锅中放入植物油烧热，放入干辣椒丝爆
出香味，然后浇到苦瓜上，再调入香醋、
香油拌匀即可。

芹菜拌土豆丝

主料 土豆 250 克，芹菜 150 克

配料 白醋 15 克，生抽 8 克，花椒粒 5 克，食盐 3 克，植物油适量，鸡精、香油各少许

·操作步骤·

① 土豆去皮洗净，切丝，浸泡在清水中；芹菜去老梗、叶子，洗净切丝。

② 锅中烧开水，分别下入土豆丝、芹菜丝焯 1 分钟，捞出过凉水，沥干水分。

③ 将土豆丝、芹菜丝放入碗中，加入白醋、生抽、食盐、鸡精、香油拌匀。

④ 炒锅置火上，加入植物油烧热，中小火煸香花椒粒，连油浇到碗内，拌匀即可。

·营养贴士· 芹菜是高纤维食物，具有抗癌、防癌的功效。

橙汁山药

主料 山药 300 克，樱桃番茄 5 个

配料 食盐 5 克，橙汁适量

·操作步骤·

① 山药去皮，洗净，先切段，再斜切成菱形片；樱桃番茄一部分切圆片，一部分切成 1/4 的小块。

② 锅中烧开水，加少许食盐，放入山药焯水至断生，捞出后冲凉水，沥干水分。

③ 取一长盘，将樱桃番茄与山药交错摆好盘，浇上橙汁，腌渍 15 分钟即可食用。

·营养贴士· 多食山药有聪耳明目、不饥延年的功效，对人体健康非常有益。

土豆泥

主料▶ 土豆 300 克，培根 30 克

配料▶ 食盐 3 克，沙拉酱 10 克，白糖 15 克，
白胡椒粉少许

·操作步骤·

① 土豆洗净，入锅煮至土豆皮开始脱落。

② 培根切成粒，放入预热 180℃的烤箱中，
烤 30 秒，取出晾凉。

③ 煮好的土豆剥皮，捣成土豆泥，晾凉。

④ 将所有的主料加入配料拌匀即可。

·营养贴士· 土豆具有和胃调中、益气健
脾、强身益肾、消炎活血
的功效。

·操作要领· 可以将煮好的土豆放进冷水
中剥皮，这样手不会感觉
太烫。

清汤素什锦

主料 鲜香菇、西红柿、绿色圣女果、西蓝花、玉米笋、平菇、竹笋、年糕、黄瓜、胡萝卜各适量

配料 清汤 300 克,食盐 5 克,鸡精 3 克,胡椒粉少许

·操作步骤·

① 将除绿色圣女果外的主料洗净,切好,过沸水焯熟,捞出过凉水,沥干水分,盛入碗中。

② 锅中加入清汤烧开,再加入食盐、鸡精、胡椒粉调匀,淋入主料碗中。

③ 主料浸泡在清汤中,自然晾凉至入味,放入绿色圣女果,即可食用。

·营养贴士· 此菜富含多种营养,并具有清热解毒、健脾开胃的功效。

凉拌素什锦

主料 竹笋 80 克,木耳、胡萝卜、莴笋各 50 克,黄瓜、腐竹、金针菇各 30 克

配料 白醋 15 克,辣椒油、生抽各 10 克,白糖 5 克,胡麻油 5 克,食盐、鸡精各 3 克,香油少许

·操作步骤·

① 将泡发的木耳、胡萝卜、竹笋、莴笋分别处理好,洗净切细丝;金针菇去老根,洗净切段;黄瓜洗净,切丝;腐竹用清水泡软,洗净切丝。

② 木耳、胡萝卜、竹笋、莴笋、金针菇、腐竹分别放入沸水中,焯水至断生,捞出投凉,沥干水分。

③ 所有主料放入盘中,淋入所有配料调成的汁,拌匀即可。

·营养贴士· 此菜含 10 余种氨基酸、维生素以及钙、磷等微量元素。

凉拌美味三鲜

主料 青杭椒、红杭椒各 1 个，午餐肉、
胡萝卜、莴笋、鲜香菇、莲藕、银
耳各适量

配料 白醋 20 克，食盐 5 克，鸡精 3 克，
姜末、蒜末、辣椒油、花椒油各适
量，香油少许

·操作步骤·

① 胡萝卜、莴笋、莲藕、鲜香菇洗净，切片；
午餐肉切片；银耳泡发，撕成小朵；青
杭椒、红杭椒洗净，切段。

② 锅中烧开水，加入食盐，将除午餐肉外
的主料分别焯水至断生，捞出过凉水，
沥干水分，将所有主料、青杭椒、红杭
椒摆盘。

③ 小碗中放入辣椒油、食盐、香油、鸡精、
白醋、姜末、蒜末、花椒油，拌匀后淋
在主料上即可。

·营养贴士· 此菜营养丰富，各菜之间相
互补充，不但有人体必需
的维生素，还有助于身体
健康、延年益寿。

·操作要领· 最好用凉水泡银耳，因为用
凉水可以使银耳泡得更充分。

三色杏仁

主料 干杏仁、黄瓜、胡萝卜各适量

配料 盐适量，鸡精少许

·操作步骤·

① 将干杏仁洗净并用清水泡 24 小时以上。

② 黄瓜洗净切小丁，并用少许盐腌渍 10 分钟，另取黄瓜，切黄瓜皮摆盘；胡萝卜洗净，切和黄瓜丁差不多大小的小丁。

③ 锅里加水，煮沸后将杏仁滚煮，然后再加入胡萝卜丁焯水，然后盛出晾凉。

④ 将腌过的黄瓜丁滤除水分，加入晾凉的胡萝卜丁、杏仁，再加入盐和鸡精调味、拌匀，最后入冰箱冷藏几十分钟即可。

·营养贴士· 杏仁富含蛋白质、脂肪、糖类、胡萝卜素、B 族维生素、维生素 C、维生素 P 以及钙、磷、铁等营养成分，是食补的佳品。

·操作要领· 杏仁只需在沸水中煮 5 分钟左右即可，煮的时间太长吃起来就不脆了。

清爽豆粉凉拌菜

五香芹菜豆

主 料➡ 芹菜 500 克，黄豆 100 克

配 料➡ 八角、盐各 5 克，花椒 3 克，姜片、
蒜瓣、葱丁各 10 克，香油、酱油
各 15 克，醋 10 克

·操作步骤·

① 把新鲜芹菜摘去叶，老茎洗净，切成 1.5
厘米长段；黄豆去杂质洗净，泡开煮熟。

② 将花椒、八角、姜、蒜、盐用开水泡一会儿，
然后加酱油、醋，倒入小罐里，再把芹菜、
黄豆也倒入罐内，放阴凉干燥处十多天即
成，吃时拌入葱丁，调入香油即可。

·营养贴士· 大豆中含有丰富的钙、磷、镁、
钾、铜、铁、锌、碘、钼等矿
物质。

香椿拌松花豆腐

主 料➡ 嫩豆腐 150 克，香椿罐头 80 克，
松花蛋 2 个

配 料➡ 姜汁 15 克，食盐 5 克，鸡精 3 克，
味极鲜、白醋、香油、花椒油各适量

·操作步骤·

① 松花蛋剥皮切成小块；香椿切碎；豆腐
切成小块。

② 取一个小碗，放入味极鲜、白醋、香油、
姜汁、花椒油、鸡精、食盐调成汁。

③ 将松花蛋、豆腐、香椿放入盘内，淋入
味汁拌匀即可。

·营养贴士· 此菜营养丰富，富含人体所需
的多种营养成分，如豆腐不仅
含有丰富的蛋白质，还有人体
必需的氨基酸。

百合
蚕豆

主 料 鲜百合 50 克，嫩蚕豆 200 克，干木耳 10 克，红椒 30 克

配 料 醋、生抽各 20 克，料酒、姜汁各 15 克，食盐 5 克，鸡精 3 克，橄榄油适量

·操作步骤·

① 鲜百合掰开，洗净；嫩蚕豆去皮，取豆瓣洗净；干木耳泡发，洗净后撕成小朵；红椒洗净，切段。

② 锅内添清水，水沸后分别将百合、木耳、蚕豆焯熟，捞出投凉，沥干水分。

③ 将主料与红椒放入碗中，另将食盐、料酒、鸡精、姜汁、橄榄油、醋、生抽放入一小碗内调匀，最后浇入主料碗中拌匀即可。

·营养贴士· 蚕豆中的维生素 C 可以延缓动脉硬化，蚕豆皮中的膳食纤维有降低胆固醇、促进肠蠕动的作用。

·操作要领· 煮蚕豆的时候一定不要盖锅盖，否则容易黑锅。

剁椒红白豆腐

主料 韧豆腐、鸭血各 200 克

配料 剁椒 50 克，豆豉酱 15 克，蒜末、姜末各 15 克，料酒、白糖、生抽各 10 克，鸡精 3 克，食盐、香菜各少许

·操作步骤·

① 豆腐、鸭血切片，平行摆放于碟内，放入蒸锅中蒸熟，取出晾凉。

② 剁椒剁细，与剩余配料拌匀，平铺于晾凉的豆腐上，腌渍片刻，待入味后即可食用。

·营养贴士· 豆腐是含蛋白质的食物，经胃肠的消化吸收形成各种氨基酸，是合成毛发角蛋白的必需成分。

川式米豆腐

主料 米豆腐 300 克，皮蛋 1 个，干木耳 5 克

配料 郫县豆瓣酱 20 克，食盐、鸡精各 5 克，生抽、醋各 20 克，菜油、蒜末、辣椒粉、花生碎各适量

·操作步骤·

① 木耳泡发，撕成小朵；米豆腐切成块；皮蛋去皮，切成小块。

② 木耳、米豆腐分别入沸水中焯一下，捞出过凉水，沥干水分，与皮蛋一起放入容器中。

③ 锅中放菜油，烧热后加郫县豆瓣酱、辣椒粉炒出香味，盛出晾凉，放入醋、生抽、食盐、鸡精、蒜末、花生碎搅拌均匀，倒在米豆腐上，拌匀即可。

·营养贴士· 米豆腐含有多种维生素，具有减肥排毒的功效。

翡翠豆腐

主 料 卤水豆腐、莴苣各 200 克

配 料 剁椒 50 克，生抽、白醋各 25 克，
蒜末 15 克，食盐 5 克，鸡精 3 克，
植物油适量，香油少许

·操作步骤·

① 莴苣茎去皮，连同莴苣叶一起洗干净，
莴苣茎切滚刀块，叶切段；卤水豆腐切
成 1 厘米厚度的豆腐片；剁椒剁碎。

② 不粘锅烧热，放少许植物油将豆腐煎至
两面微黄，盛出晾凉；莴苣茎与叶分别入
沸水锅中焯一下，捞出过凉水，沥干水分。

③ 莴苣、豆腐放入碗中，加入剁椒、食盐、
生抽、白醋、香油、鸡精、蒜末，搅拌
均匀即可。

·营养贴士· 豆腐性凉、味甘，归脾、胃、
大肠经，具有益气宽中、
生津润燥、清热解毒、调
和脾胃的功效。

·操作要领· 挑选豆腐的时候，一定要选
择没有杂质、晶白细嫩的
豆腐。

海味松花**拌豆腐**

主 料 豆腐1块，松花蛋2个，茼蒿50克，海米60克

配 料 干辣椒圈10克，姜汁、香醋、食盐、鸡精、植物油各适量

·操作步骤·

① 海米用温水洗净，提前用沸水浸泡1小时，沥干水分；松花蛋去壳，切成小瓣，豆腐切成块，整齐地摆到盘子里。

② 茼蒿洗净放入开水中焯一会儿，取出投凉，沥干水分，切成小段，码放在豆腐上。

③ 锅中放少许植物油，加入干辣椒圈、海米炒出香味，盛出连油浇到豆腐上，再淋入以姜汁、香醋、鸡精、食盐调成的汁即可。

·营养贴士· 松花蛋具有保护血管、提高智商的功效。

麻辣**腐皮丝**

主 料 干豆腐皮300克

配 料 干辣椒粉20克，红油辣椒15克，花椒粉、麻椒粉各5克，鸡精、香油、食盐、酱油、白糖各适量

·操作步骤·

① 将干豆腐皮放进温水中浸泡，泡至全部回软，捞起晾凉。

② 豆腐皮切成约10厘米长的细丝，盛入盘内。

③ 在豆腐丝中加入食盐、酱油、白糖、鸡精、香油、红油辣椒、花椒粉、麻椒粉、干辣椒粉，拌匀即成。

·营养贴士· 此菜为补益清热食品，具有补中益气、清热润燥、清洁肠胃的功效。

凉拌
金橘豆腐

主　料 嫩豆腐 200 克，金橘 250 克

配　料 冰糖 50 克，麦芽糖 25 克，蜂蜜 50 克，香醋、姜汁各 15 克，食盐 5 克，葱花少许

·操作步骤·

① 金橘洗净切片，放进锅里，加适量清水（以刚没过金橘为宜）、冰糖，煮沸后改小火，冰糖溶化后加麦芽糖，稍煮即可盛出，晾凉后加蜂蜜拌匀。

② 嫩豆腐切片，放入盘中，另取一个碗加入 5 勺糖渍金橘、1/2 杯清水、香醋、姜汁、葱花、食盐，淋入嫩豆腐中，腌片刻入味后即可食用。

·营养贴士· 此菜具有润肤明目、益气和中、生津润燥等功效。

·操作要领· 盒装的嫩豆腐不好倒出来，可以在豆腐盒子底部剪开 2~4 个小口，将里面的汁水倒出来，然后揭开盒子封膜，将嫩豆腐整个倒扣在盘子里。

草莓豆腐

主 料➡ 豆腐 300 克，草莓罐头 1 小碟，生菜叶 1 片

配 料➡ 食用油适量

准备所需主材料。

将草莓用勺子挤压成草莓酱。

将豆腐切成厚片。

锅内放入食用油，油热后放入豆腐，煎炸至外表金黄，捞出晾凉。

盘内放入一片生菜叶，将晾凉的豆腐放在生菜叶上，最后淋上草莓酱即可。

营养贴士：豆腐为补益清热养生食品，常食可补中益气、清热润燥、生津止渴、清洁肠胃。

操作要领：炸豆腐的时候要用小火，否则容易糊。

枸杞鲜豆皮卷

主料 ▶ 豆皮 500 克

配料 ▶ 枸杞 50 克，葱花 15 克，花椒油 10
克，白醋 25 克，食盐 5 克，鸡精 3 克，
清汤适量

·操作步骤·

① 豆皮对半折页，卷成卷，以棉线捆扎 5 道，
以防止豆皮卷松散；枸杞洗净。

② 锅中加入清汤、枸杞、食盐，滚开后加
入豆皮，大火焖煮 15 分钟，再转小火焖
煮 15 分钟，捞出晾凉。

③ 将晾凉的豆皮卷扯去棉线，切成薄片，
淋入以白醋、花椒油、鸡精、葱花、少
许食盐调成的味汁，拌匀即可。

·营养贴士· 枸杞具有滋补肝肾、益精养血、
明目消翳的功效，与豆皮搭配
相得益彰。

青豆拌腐皮

主料 ▶ 豆腐皮 2 张，青豆 100 克

配料 ▶ 食盐 5 克，花椒油 10 克，香油、醋、
鸡精、蒜、姜各适量

·操作步骤·

① 豆腐皮切成约 7 厘米长的丝；青豆提前
泡涨，洗净后焯熟，过凉水，沥干水分；
蒜、姜切成末。

② 将豆腐丝、青豆放入大碗中，淋入以食盐、
花椒油、鸡精、香油、醋、蒜末、姜末
调成的味汁，搅拌均匀即可。

·营养贴士· 豆腐皮营养丰富，蛋白质、氨
基酸含量高，并含有人体所必
需的 18 种微量元素。

主料 嫩豆腐1块，牛肉100克

配料 剁椒、豆豉酱各15克，美极鲜酱油20克，植物油、食盐、鸡精、蒜末、姜末、葱花、花椒粉、料酒各适量

· 操作步骤 ·

① 嫩豆腐切成薄片，整齐地铺在盘底；牛肉洗净切粒，用食盐、料酒腌渍片刻。

② 锅中加入植物油，烧热后下牛肉粒炒熟，盛出晾凉，放入剁细的剁椒、豆豉酱以及剩余的配料调匀，淋在豆腐上即可。

牛肉粒**拌豆腐**

· 营养贴士 · 嫩豆腐有和中、润燥、解毒、抗癌、生津止渴、清热泻火、清洁肠胃等作用。

· 操作要领 · 豆腐不易入味，可以在切成薄片以后，抹上一点盐腌一会儿。

烫干丝

主 料➡ 豆腐皮 2 块,香芹梗 50 克

配 料➡ 姜、精盐、酱油、花椒油各适量

·操作步骤·

① 豆腐皮洗净切成细丝,放入清水中漂洗一下;香芹梗洗净切段;姜洗净切丝。

② 把豆腐丝与姜丝、香芹段一起装盘,用滚开水冲淋三遍,倒入精盐、酱油和花椒油即可。

·营养贴士· 此菜可预防心血管疾病,保护心脏。

井冈山油豆皮

主 料➡ 油皮 200 克,香芹 100 克,红椒 50 克

配 料➡ 食盐 5 克,白糖 10 克,白醋、生抽、辣椒油、植物油各适量

·操作步骤·

① 油皮放在凉水中浸泡,洗净切片;红椒洗净,切圈;香芹洗净,切段。

② 油皮、香芹分别入沸水锅中,焯一下,捞出过凉水,沥干水分,放入容器中,加入食盐、白糖、白醋、生抽、辣椒油。

③ 锅中加入适量植物油,油热后放入红椒圈炒出香味,连油浇到油皮中,拌匀即可。

·营养贴士· 油皮含有丰富的优质蛋白、大量卵磷脂及多种矿物质。

青椒拌豆干

主 料 ▶ 豆干 200 克，青辣椒
250 克，樱桃 2 颗（摆
盘用）

配 料 ▶ 香油 15 克，盐 3 克，
味精 2 克，葱白、香
菜各少许

·操作步骤·

① 青辣椒去蒂和籽后洗净，斜
切段备用；豆干切成块；
葱白切成丝；香菜洗净切
成段。

② 锅置火上，放入适量的清水
烧沸，投入青椒和豆干焯一
下，捞出，沥水晾凉，放
入盆内，放入葱丝、香菜段，
撒入精盐和味精，淋入香
油，拌匀装盘，放上樱桃
装饰即可上桌。

·营养贴士· 这道菜有解毒、镇痛、缓解疲劳、增
加食欲、促进消化等作用。

·操作要领· 这道菜非常辣，如果不喜欢辣的，可
以用柿子椒替代青辣椒。

凉拌三丝

主 料▶ 油皮、红薯粉丝各 100 克，胡萝卜 150 克

配 料▶ 花椒油 10 克，白醋 25 克，食盐 5 克，鸡精 3 克，干辣椒丝、香菜叶、植物油各适量

·操作步骤·

① 油皮放在凉水中稍微浸泡一下，洗净切丝。

② 红薯粉丝泡发，胡萝卜洗净切丝，分别放入沸水锅中焯水至断生，捞出投凉水，沥干水分。

③ 所有主料放入大碗中，锅中置植物油，中火烧热后加入干辣椒丝炸香，然后浇到主料中，加入剩余配料拌匀即可。

·营养贴士· 油皮可以补充钙质，防止因缺钙引起的骨质疏松，促进骨骼发育。

冬笋拌荷兰豆

主 料▶ 荷兰豆 150 克，冬笋 100 克，胡萝卜 50 克

配 料▶ 食盐、鸡精各 5 克，白胡椒粉 3 克，生抽 15 克，香油少许

·操作步骤·

① 荷兰豆择好，洗净后切丝；冬笋、胡萝卜洗净，切丝。

② 锅中烧开水，加少许食盐，分别放入荷兰豆、冬笋、胡萝卜焯水，颜色变深后立刻捞出过凉水。

③ 将所有的菜过凉后放在一个容器内，加入食盐、鸡精、白胡椒粉、香油、生抽搅拌均匀即可。

·营养贴士· 荷兰豆性平、味甘，具有和中下气、利小便、解疮毒、益脾和胃、治便秘等功效。

主料 豆腐渣、莴笋各 150 克，青椒、红椒各 30 克

配料 生抽、香醋各 15 克，食盐 5 克，鸡精 3 克，香油 3 克，花椒油少许

笋丝豆腐渣

·营养贴士· 豆腐渣中的食物纤维能吸附随食物摄入的胆固醇，从而阻止胆固醇的吸收，使血液中胆固醇的含量显著降低。

·操作要领· 在拌的时候一定要使豆腐渣都附在笋丝上面，否则吃的时候不方便。

·操作步骤·

① 豆腐渣加入食盐拌匀，放入水开的蒸锅中，大火蒸制 5 分钟，转小火蒸 5 分钟，出锅晾凉。

② 莴笋去皮洗净，切丝，放入沸水锅中，焯水至断生，过凉水后，沥干水分；青椒、红椒切粒。

③ 将豆腐渣、莴笋丝放入一个大碗中拌匀，淋入以生抽、食盐、香醋、鸡精、香油、花椒油、青椒粒、红椒粒调成的味汁，拌匀即可。

香辣豇豆

主料 嫩豇豆 400 克

配料 干红辣椒 10 克，香油 20 克，花生油 30 克，盐 4 克，味精 2 克

·操作步骤·

① 将嫩豇豆择洗干净，切成 3 厘米长的段，入沸水中焯透。

② 捞出豇豆过凉水，沥干，放入盘内，加入盐、味精拌匀。

③ 将干红辣椒切成丝。

④ 锅内加花生油烧热，放入干红辣椒丝爆香，然后倒入碗内，稍凉，与香油一起浇在豇豆上拌匀即成。

·营养贴士· 豇豆具有理中益气、健胃补肾、和五脏、调颜养身等功效。

姜汁豇豆

主料 青豇豆 300 克

配料 食盐、鸡精、姜、醋、生抽各适量，香油少许

·操作步骤·

① 豇豆洗净切段，冷水下锅煮熟，沥干水分后加食盐、鸡精腌渍片刻。

② 姜切成碎末，加入少量饮用水，制成姜汁。

③ 向姜汁内加入香油、生抽、醋，浇在豇豆上拌匀即可。

·营养贴士· 豇豆含有易于消化吸收的优质蛋白质，适量的碳水化合物及多种维生素、微量元素等，可补充机体的营养素，治疗消化不良。

主　料 扁豆 250 克

配　料 姜 15 克，生抽、香醋各 15 克，辣
椒油 10 克，蒜末 5 克，食盐 3 克，
香油少许

·操作步骤·

① 扁豆掐去两头及筋，用清水洗净，切丝；
姜刮去外皮，洗净，切成细末。

② 锅中注入清水，上火烧开，放入扁豆氽熟，
捞出，放入凉开水中过凉，捞出控水。

③ 氽熟的扁豆放入容器中，加入食盐、香油、
姜末、蒜末、生抽、香醋、辣椒油，拌
匀即可。

姜末扁豆

·营养贴士· 扁豆味甘、性平，归胃经，
与脾性最合，具有健脾、
和中、益气、化湿、消暑
的功效。

·操作要领· 扁豆焯水的时候不要盖锅
盖，否则会使扁豆变黄，
影响美观。

红椒拌扁豆

主料 扁豆 200 克, 青椒、红椒各 50 克

配料 葱油 10 克, 鸡精 3 克, 白糖、食盐各 5 克, 香油、植物油各少许

·操作步骤·

① 扁豆洗净, 切成丝, 下入沸水锅内, 加植物油、食盐焯熟, 沥干水分。

② 青椒、红椒洗净切丝, 与扁豆一起放入碗中。

③ 将食盐、鸡精、白糖、葱油、香油放入小碗中拌匀, 浇在扁豆上拌匀即可。

·营养贴士· 扁豆营养成分丰富, 含有蛋白质、纤维、维生素 A、维生素 B_1、维生素 B_2、维生素 C 和氰甙、酪氨酸酶等。

芥末扁豆丝

主料 扁豆 300 克,

配料 虾酱油 10 克, 红椒、芥末粉各 10 克, 白糖 5 克, 食盐 3 克, 香油少许

·操作步骤·

① 扁豆择去两头及老筋, 洗净切丝; 红椒洗净, 切丝。

② 锅中烧开水, 将扁豆投入沸水锅中焯熟, 捞出沥干水分。

③ 扁豆丝、红椒丝放入盆内, 加入用开水发好的芥末粉、食盐、白糖、香油和虾酱油, 拌匀装盘即成。

·营养贴士· 扁豆里的 B 族维生素含量特别丰富, 还含有磷脂、蔗糖、葡萄糖等营养成分。

凉拌豇豆

主　料 豇豆 250 克

配　料 辣椒酱、食用油、精盐、白醋、鸡
粉、蒜末、香油、白芝麻、胡萝卜
丝各适量

·操作步骤·

① 将豇豆洗净，切成段；锅内放水煮开，
倒入少许香油，将豇豆放入焯熟后捞出
沥干。

② 热炒锅，倒入适量的食用油，放入蒜末
炒香，鸡粉、精盐、白醋和水调匀，倒

入锅内炒匀成芡汁。

③ 将豇豆按横一排、竖一排的顺序整齐地
码在盘中，上面放上胡萝卜丝，将芡汁
淋在豇豆上，倒上辣椒酱，均匀地撒上
白芝麻即可。

·营养贴士· 豇豆中含有易于消化吸收
的蛋白质，还含有多种维
生素和微量元素等，所含
磷脂可促进胰岛素分泌，
是糖尿病人的理想食品。

·操作要领· 此菜配料丰富，又酸又辣，
还有蒜香味，十分开胃。

盐水**毛豆**

主料 毛豆 500 克

配料 食盐、鸡精各 10 克，大料 2 粒，红辣椒 2 个，香叶少许

·操作步骤·

① 毛豆洗干净，放入冷水锅中。

② 开火后，放入大料、香叶、红辣椒、食盐、鸡精煮 15 分钟。

③ 将毛豆捞出过冷水，放入盐水中浸泡 30 分钟即可食用。

·营养贴士· 毛豆有除胃热、通瘀血、解药物之毒的功效。

怪味**银芽**

主料 绿豆芽 300 克，香菜 50 克

配料 蒜、葱白各 5 克，精盐 3 克，味精 2 克，香油、酱油、醋各 5 克

·操作步骤·

① 绿豆芽洗干净，去掉头和尾。

② 香菜择洗干净后切成段；蒜去皮洗净后剁成末；葱白洗净后切成段。

③ 将豆芽投入沸水锅中焯至断生，捞出摊开晾凉，沥干水分后放入盆中。

④ 锅置火上，倒入酱油和香油烧热，再放入蒜末、葱白段炸出香味，出锅倒在绿豆芽上，加入精盐、味精、醋和香菜段，拌匀装盘即可。

·营养贴士· 绿豆芽性凉、味甘，不仅能清暑热、通经脉、解诸毒，还能降血脂和软化血管。

银耳
拌豆芽

主料 豆芽 150 克，银耳 50 克，青椒丝、干辣椒丝各适量

配料 白糖 20 克，白醋 25 克，食盐 5 克，鸡精 3 克，植物油少许

·操作步骤·

① 银耳泡发，洗净，撕成小朵；豆芽去除头尾，洗净。

② 锅中烧开水，加少许食盐,分别放入银耳、豆芽焯水至断生，捞出后过凉水，沥干水分,全部放入容器中，加入白糖、白醋、食盐、鸡精、青椒丝。

③ 锅中加少许植物油，下入干辣椒丝爆出香味，趁热浇到银耳与豆芽上，拌匀即可食用。

·营养贴士· 银耳具有强精、补肾、润肠、益胃、补气、和血、强心、壮身、补脑、提神、美容、嫩肤、延年益寿等功效。

·操作要领· 豆芽非常容易熟，所以只要在开水中焯烫一会儿即可，时间太长容易破坏豆芽清脆的口感。

核桃仁
拌豌豆苗

主料 豌豆苗 200 克，
核桃仁 150 克

配料 食盐、白醋各适
量

操作步骤

准备所需主材料。

将豌豆苗去根后清洗干净。

用牙签把核桃仁的皮去掉。

烹饪心得

将豆苗与核桃仁放入碗内，加入白醋、食盐搅拌均匀即可。

营养贴士： 核桃仁含有较多的蛋白质及人体营养必需的不饱和脂肪酸，这些成分皆为人体大脑组织细胞代谢的重要物质，有助于滋养脑细胞，增强脑功能。

操作要领： 如果核桃仁有涩味，可以将其放在锅里煮 3~5 分钟。

主 料▷ 豌豆苗 250 克，牛筋面 150 克，鸡蛋 1 个

配 料▷ 食盐、白糖各 5 克，醋、辣椒油各 15 克，植物油、蒜末各适量

·营养贴士· 豌豆苗所含营养丰富，有多种人体必需的氨基酸。

·操作要领· 择豌豆苗的时候要将根去掉，否则不仅会影响美观，而且会影响口感。

凉拌**豌豆苗**

·操作步骤·

① 豌豆苗洗净，焯水，过凉，沥水，放食盐腌 10 分钟；鸡蛋打散。

② 不粘锅放火上，小火加少许植物油，倒入鸡蛋液，慢慢转动锅体让鸡蛋液变薄，待蛋液凝固即可取出，晾凉后切成细丝。

③ 豌豆苗、鸡蛋丝、牛筋面放入一个大碗中，加入蒜末、白糖、醋、辣椒油、食盐，拌匀即可。

芝麻拌凉粉

主料 绿豆凉粉 300 克，黄瓜 100 克

配料 豆豉酱 30 克，食盐、醋、辣椒油、蒜末、白芝麻各适量

·操作步骤·

① 绿豆凉粉切成长条泡在水中；黄瓜洗净切成丝，摆入碗中。

② 取一小碗，加入食盐、豆豉酱、醋、辣椒油、蒜末、白芝麻搅拌成汁。

③ 将凉粉捞出放入摆有黄瓜丝的碗中，然后将调好的汁浇在凉粉上即可食用。

·营养贴士· 绿豆凉粉中含丰富的胰蛋白酶抑制剂，可以减少蛋白分解，从而保护肝脏和肾脏。

湖南米粉

主料 米粉 150 克

配料 榨菜丝、肉丝、葱花、精盐、味精、酱油、杂骨汤、干椒粉、辣椒粉、熟猪油各适量

·操作步骤·

① 肉丝、榨菜丝在放有熟猪油的锅中炒香，加杂骨汤，焖熟，待用。

② 取碗放入精盐、味精、酱油、干椒粉、杂骨汤、熟猪油调成汁待用。

③ 锅烧开水，下入米粉，烫熟，捞出投凉，放入碗中，加肉丝、榨菜丝、调汁，撒上葱花、辣椒粉拌匀即成。

·营养贴士· 米粉是以大米为原料，经浸泡、蒸煮、压条等工序制成的条状、丝状米制品，含有大量维生素、碳水化合物，营养又开胃。

川北凉粉

主 料 川北凉粉 300 克

配 料 黑豆豉、郫县豆瓣各 50 克，菜油
50 克，白糖 10 克，鸡精 3 克，香
油 5 克，食盐 5 克，醋 30 克，生
抽 20 克，花生碎、蒜泥各少许

·营养贴士· 夏季吃凉粉消暑解渴，冬季
吃凉粉多调辣椒又可祛寒。

·操作要领· 刚切开的凉粉容易粘在一
起，可以在水中泡一会儿。

·操作步骤·

① 将川北凉粉洗净，切成中等大小的块，
摆放在盘子中；黑豆豉和郫县豆瓣分别
剁碎。

② 锅烧热放菜油，将郫县豆瓣和黑豆豉放
入锅中炒香，加入白糖、鸡精调味，盛
出晾凉，随后加入醋、食盐、生抽、香油、
蒜泥、花生碎拌匀，作为凉粉的调料。

③ 将做好的调料浇在凉粉上即可食用。

酸辣蕨根粉

主料 蕨根粉 300 克，青椒、红椒各 50 克

配料 香醋、食盐、鸡精、蒜末、生抽、
辣椒油各适量，香菜段少许

·操作步骤·

① 锅中加水，水开后下蕨根粉，蕨根粉软
后捞出沥干，晾凉后装盘。

② 青椒、红椒洗净切丝，撒在蕨根粉上。

③ 用香醋、食盐、鸡精、生抽、蒜末、
辣椒油制成调料汁，淋在蕨根粉上拌
匀，撒上香菜段即可。

·营养贴士· 蕨根粉具有滑肠通便、清热解
毒的作用。

荷兰粉

主料 荷兰粉 250 克

配料 麻酱 25 克，生抽、香醋各 20 克，
食盐 5 克，香油 3 克，鸡精 3 克，
花生碎、干辣椒粉、辣椒油各适量

·操作步骤·

① 荷兰粉切成片，盛入碗中；麻酱用适量
温开水调稀。

② 将所有配料放入麻酱碗内调匀，浇在凉
粉上拌匀即可食用。

·营养贴士· 荷兰粉是湖南的名小吃之一，
主要使用蚕豆磨成粉制作成，
含有大量的蛋白质、碳水化合
物，可以利湿消肿，益气健脾。

芥末拌粉皮

主 料 粉皮 300 克

配 料 花生碎 30 克，芥末
粉 15 克，白醋 10 克，
食盐、鸡精、香油各
少许，葱花适量

·操作步骤·

① 粉皮在热水中略焯捞出，
用凉水投凉后，切丝备
用。

② 芥末粉用开水发好，加花
生碎、香油、食盐、鸡精、
白醋调匀，倒在粉皮上，
点缀葱花即可。

·营养贴士· 粉皮的主要营养成分为碳水化合物，
还含有少量蛋白质、维生素及矿物质，
具有柔润嫩滑、口感筋道等特点。

·操作要领· 粉皮要切得细些，以方便入味。

粉丝拌银针

主料 绿豆粉丝 150 克，绿豆芽 100 克，青椒丝、红椒丝各 30 克

配料 生抽 15 克，花椒油、香醋各 10 克，食盐 5 克，鸡精 3 克

·操作步骤·

① 绿豆粉丝用清水泡发，绿豆芽去除头尾，洗净，分别焯水，过凉水，沥干水分。

② 取一个小碗，加入所有配料，调匀，制成酱汁，主料放入大碗中淋入酱汁，拌匀即可。

·营养贴士· 绿豆粉丝中所含蛋白质、磷脂均有兴奋神经、增进食欲的功能，为机体许多重要脏器增加营养所必需。

火腿肠拌粉丝

主料 粉丝 200 克，火腿肠、土豆各 100 克，黄瓜 50 克

配料 食盐、鸡精各 5 克，白醋、生抽、香油各少许

·操作步骤·

① 土豆、黄瓜洗净切丝，土豆泡入凉水中；火腿肠切丝。

② 粉丝、土豆分别入沸水锅中焯熟，捞出过凉水，沥干水分，盛入盘中，加入火腿肠丝。

③ 将食盐、鸡精、白醋、生抽、香油调成汁，浇在粉丝上，拌匀即可。

·营养贴士· 粉丝中含有多种人体需要的营养物质，而且是一种理想的减肥食品。

香菇**拌米粉**

主　料 细米粉 150 克，香菇、豆芽、韭菜、培根各适量

配　料 白醋 15 克，葱花、姜丝、蒜末各 10 克，食盐 5 克，鸡精 3 克，胡萝卜、植物油各适量，花椒油少许

·营养贴士· 米粉质地柔韧、富有弹性，当主食食用营养价值很高，具有防癌、护肝的功效。

·操作要领· 选购韭菜的时候要选叶子直且鲜绿脆嫩的，这样的韭菜营养价值高。

·操作步骤·

① 细米粉、香菇用水泡发，米粉焯熟，过凉水，沥干水分，香菇切片；豆芽洗净，去尾；韭菜洗净，切段；胡萝卜、培根切细丝。

② 锅中放适量植物油，放葱花、姜丝、蒜末爆出香味，放入培根、胡萝卜、香菇、鸡精、食盐翻炒片刻，放入豆芽、韭菜，轻轻翻炒至熟，盛出晾凉。

③ 细米粉放入碗中，加入花椒油、白醋、炒熟的菜，拌匀即可。

粉丝
清拌黄瓜

主 料▶ 绿豆粉丝 150 克，绿豆芽、黄瓜各 100 克

配 料▶ 白醋 10 克，食盐 5 克，鸡精 3 克，清汤适量，植物油少许

·操作步骤·

① 绿豆粉丝用清水泡发；绿豆芽去除头尾，洗净；黄瓜洗净，切丝。

② 锅中加适量清汤、食盐、鸡精，煮滚后淋入少许植物油，下入绿豆粉丝、绿豆芽煮熟，盛出晾凉，食用时配以黄瓜丝摆盘，淋入白醋拌匀即可。

·营养贴士· 绿豆粉丝中含有大量的蛋白质、磷脂等，可以起到兴奋神经、增进食欲、降低胆固醇等功效。

·操作要领· 绿豆芽焯过后晾凉时要摊开，否则容易变软。

主料 绿豆粉皮 500 克，青辣椒、红辣椒
各 20 克

配料 辣椒油 15 克，生抽 10 克，蒜蓉 5 克，
白糖 5 克，麻油、香醋各适量，花
椒粉、食盐、鸡精各少许

·操作步骤·

① 绿豆粉皮用清水投洗 1 遍，沥干水分，
切成条；青辣椒、红辣椒洗净，切碎粒。

② 剩余配料放入小碗中调匀，制成调味汁。

③ 粉皮放入小碗中，淋入调味汁，撒上
青辣椒、红辣椒碎粒，拌匀即可。

麻辣**粉皮**

·营养贴士· 绿豆粉皮是用绿豆淀粉制
成，具有清热解毒、调和
五脏、安养精神、润泽肌
肤的功效，但其性稍带寒
凉，脾泄者应少量食用。

·操作要领· 喜欢吃辣的人还可以加入一
些辣椒油，口味更佳。

剁椒**粉皮**

主 料 绿豆粉皮 400 克

配 料 剁椒 50 克，葱花、葱姜酒汁、精盐、
味精、香油、植物油各适量

·操作步骤·

① 粉皮切成条状，洗净后沥干放入碗中待
用。

② 锅中倒入植物油，放入剁椒炒出红油，
然后倒入粉皮碗中，加入葱姜酒汁、精盐、
味精、香油、葱花拌匀即可。

·营养贴士· 此菜具有清热解毒、润泽肌
肤等功效。

·操作要领· 要想使这道菜更入味，做好
后最好先淹 10~20 分钟再
吃。

美味禽蛋凉拌菜

仔姜蜇皮拌鸭丝

主料 熟熏鸭 200 克，海蜇皮 100 克

配料 青椒、仔姜各 50 克，生抽 15 克，料酒 10 克，白糖 8 克，花椒油、香油各 5 克，香醋适量，鸡精少许

·操作步骤·

① 熟熏鸭去骨，切成 5 厘米长、1 厘米宽的粗丝；仔姜去皮，青椒洗净，均切细丝。

② 海蜇皮用水浸泡半天，切丝。

③ 生抽、白糖、料酒、香醋、鸡精、花椒油、香油放入小碗内，调匀。

④ 鸭肉、海蜇、青椒、仔姜丝放入碗中，淋入调料汁，拌匀即可。

·营养贴士· 鸭肉的营养价值很高，鸭肉中的蛋白质含量为 16%~25%，比畜肉含量高得多。

鸡丝冻粉

主料 鸡胸肉 400 克，冬笋 50 克，冻粉适量

配料 白糖、食盐各 5 克，白醋、米酒各适量，姜汁、料酒、生抽、花椒油、香油、青椒、红椒各少许

·操作步骤·

① 鸡胸肉用姜汁、料酒、食盐腌渍片刻，煮熟，晾凉，切成丝，装入盘中；青椒、红椒切丝。

② 冻粉用水泡发，冬笋洗净切丝，分别入沸水中焯熟，与鸡丝拌匀。

③ 加入食盐、白糖、白醋、米酒、生抽、花椒油搅拌均匀。

④ 最后淋上香油，撒上青椒丝、红椒丝即可。

·营养贴士· 鸡肉对老年人和心血管疾病患者来说是较好的蛋白质食品。

主 料▶ 鸭 400 克

配 料▶ 料酒 30 克，八角 6 个，葱 2 根，姜 1 块，食盐、花椒粒各适量

南京**盐水鸭**

·操作步骤·

① 鸭洗净，控干水分。

② 在锅中放入食盐、花椒粒和八角，炒出香味，趁热将盐抹匀鸭身。

③ 用保鲜袋将鸭子包好，放进冰箱腌渍 2 个小时。

④ 锅里烧热，放入盐、葱、姜、八角和料酒，烧开制成卤关火，将腌过的鸭子放进锅里浸泡 2 个小时后烧开，撇去浮沫，关火。

⑤ 盖上盖子焖 20 分钟，开火将水再次烧开，再关火继续焖 20 分钟，用筷子顺利插透肉厚部位即可。

⑥ 捞出滤干晾凉后斩件即可上碟。

·营养贴士· 此菜具有降血压、增进食欲的功效。

·操作要领· 为了使鸭子更入味，焖的时间可以适当延长。

银芽鸡丝榨菜

主 料 鸡胸肉 100 克，绿豆芽 150 克，胡萝卜 50 克，榨菜丝 30 克

配 料 白醋 20 克，料酒 15 克，姜片 10 克，蒸鱼豉油、花椒油各 10 克，白糖 5 克，食盐 3 克，胡椒粉、鸡精、香油各少许，植物油适量

·操作步骤·

① 鸡胸肉洗净，控干水分，切成细丝，放入料酒、姜片、少许食盐腌渍 15 分钟。

② 绿豆芽去掉头尾，洗净；胡萝卜洗净，切丝，分别放入加有少许食盐、植物油的开水中汆烫至熟，捞出投凉，沥干水分。

③ 炒锅中放入适量植物油，待油热下入鸡丝滑熟，捞出控油，自然晾凉。

④ 所有主料放入盘中，加入剩余配料拌匀即可。

·营养贴士· 此菜含有磷、锌等矿物质和丰富的维生素类物质。

麻油鸡

主 料 鸡胸肉 200 克，鸡心 150 克，木耳、小油菜各适量

配 料 姜 3 片，葱段 3 段，麻油、红油各 25 克，食盐 5 克，鸡精 3 克，料酒、白醋各适量，白芝麻少许

·操作步骤·

① 鸡胸肉洗净，切块，鸡心改十字花刀，鸡胸肉和鸡心都放入碗中，加姜片、葱段、料酒、少许食盐腌渍片刻。

② 木耳泡发，撕成小朵，小油菜洗净，全部焯水至断生，捞出投凉，沥干水分。

③ 锅中烧水，水沸后将鸡肉、鸡心与姜片、葱段一同倒入锅中，汆烫去血水，加食盐煮到断生捞出，晾凉后鸡肉撕成小条。

④ 鸡肉、鸡心与木耳、小油菜混匀摆盘，淋入以红油、麻油、白醋、鸡精、少许食盐调成的味汁拌匀，撒少许白芝麻即可。

·营养贴士· 此菜具有增强体力、促进消化的功效。

鸡丝大拉皮

主 料▶ 鸡脯肉50克，水晶拉皮1包，胡萝卜、
莴笋各100克，香肠2根

配 料▶ 蛋清、植物油、湿淀粉、精盐、醋、
酱油、香油、芥末、芝麻酱各适量

·营养贴士· 鸡肉蛋白质含量较高，且易
被人体吸收利用，有增强
体力、强壮身体的作用。

·操作要领· 可以将水晶拉皮放沸水中稍
微过一下，不仅可以消毒，
而且可以使拉皮更柔软。

·操作步骤·

① 鸡脯肉切成细丝，洗净控干水分，放入
碗中，用鸡蛋清、湿淀粉、精盐抓匀。

② 炒锅置旺火上，锅热放入植物油，同时下
入鸡丝，用筷子拨散，见熟即捞在温水中。

③ 莴笋、胡萝卜洗净去皮切丝；香肠切丝。

④ 将切好的胡萝卜、莴笋、香肠摆入盘中。

⑤ 水晶拉皮用纯净水洗开，沥干，放入盘中。

⑥ 鸡丝捞出沥净水分，放在拉皮上面。

⑦ 精盐、芝麻酱、醋、酱油、香油兑成汁，
淋在鸡丝上面，外带芥末，即可上桌。

白斩鸡

主料▶ 嫩公鸡 1 只

配料▶ 姜末、蒜末各 15 克，食盐 5 克，
植物油 10 克，葱花少许，白醋、
辣椒油、花椒油各适量

·操作步骤·

① 小碗中加入白醋、辣椒油、花椒油、姜末、
蒜末、食盐，用中火烧热炒锅，下植物
油烧至八成热，浇入小碗中，拌匀备用。

② 鸡洗净，放入加适量食盐的水中净煮，
中间提出两次，倒出腔中的水，以保持
内外温度一致；煮熟后捞出，放冷开水
中浸泡，晾凉，斩成小块，盛入碟中；
将小碗中的汁浇在上面，撒上葱花即可。

·营养贴士· 鸡肉不但脂肪含量低，且所含
的脂肪多为不饱和脂肪酸，是
理想的蛋白质食品。

口水鸡

主料▶ 三黄鸡（已处理）500 克

配料▶ 料酒 30 克，姜末、蒜末各 10 克，
辣椒油、花生酱各 10 克，麻油 5 克，
白糖 15 克，鸡精 2 克，葱花、香油、
白醋、香菜、食盐各适量，香叶、
八角各少许

·操作步骤·

① 三黄鸡洗净，加食盐、料酒腌渍 30 分钟。

② 锅中放入鸡、食盐、香叶、八角、清水烧开，
转中小火煮 20 分钟至熟，捞出，放入水
中稍浸至凉，捞出沥干，切好装盘。

③ 辣椒油、花生酱、麻油、姜末、蒜末、葱花、
鸡精、白糖、香油、白醋、食盐放入碗
中调匀，浇入鸡块中，放香菜装饰即可。

·营养贴士· 此菜具有促消化、补钙、降血
脂的功效。

风暴
仔鸡

主 料 仔鸡1只

配 料 小米椒 50 克，鲜麻椒 30 克，香醋 25 克，料酒、酱油、红油各 20 克，蒜末 10 克，食盐 5 克，鸡精 3 克，植物油适量，葱花、花生碎、白芝麻、胡椒粉、香油、香叶、大料各少许

·操作步骤·

① 仔鸡洗净，加食盐、料酒腌渍30分钟；小米椒洗净，切圈。

② 锅中放入仔鸡、食盐、香叶、大料、清水烧开，转中小火煮20分钟至熟，捞出，放入水中稍浸至凉，控干水分，切好装盘。

③ 锅中放植物油烧热，下鲜麻椒炒香，调入香油、酱油、食盐、鸡精、胡椒粉、红油，出香味后关火，晾凉，制成调味汁。

④ 将调味汁、小米椒圈、花生碎、蒜末、葱花、白芝麻、香醋放入碗中拌匀，浇在仔鸡上，腌渍15分钟即可。

·营养贴士· 仔鸡营养丰富，肉里含蛋白质较多。

·操作要领· 可以将煮好的鸡趁热放进食品保鲜袋，扎紧袋口，然后放进冷水冷却。这样不仅可以保持鸡的原味和色泽，而且可以使鸡皮发脆。

黄瓜拌鸡丝

 操作步骤

 ① 准备所需主材料。	 ② 将鸡肉撕成肉丝；将黄瓜去皮后切丝。
 ③ 将香菜切段。	 ④ 将黄瓜丝、鸡肉丝、香菜段放入碗内，放入醋、香油、食盐、味精搅拌均匀即可。

主料 黄瓜2段，熟鸡肉200克

配料 香油、醋、食盐、香菜、味精各适量

烹饪心得

营养贴士：黄瓜肉质脆嫩，汁多味甘，生食生津解渴，且有特殊芳香。黄瓜含水分为98%，并含有维生素C、胡萝卜素、蛋白质、钙、磷、铁等人体必需的营养素。

操作要领：黄瓜最好去籽，否则不仅容易出水，而且影响菜的清脆。

观音茶香鸡

主料 仔鸡 1 只, 观音茶 20 克, 香芹适量

配料 食盐 10 克, 冰糖 25 克, 老抽、花雕酒各 30 克, 姜片、葱段各 50 克, 植物油适量, 八角、草果、桂皮、小茴香、陈皮、花椒、红椒粒各少许

·营养贴士· 鸡肉中含有大量的维生素 C、维生素 E、蛋白质等。

·操作要领· 炸鸡块的时候可以先用小火炸一遍, 等鸡块冷却后再入锅炸一遍, 这样炸出来的鸡块外酥里嫩。

·操作步骤·

① 锅中放入 1000 克水烧开, 加入八角、草果、桂皮、小茴香、陈皮、花椒、10 克观音茶、食盐、冰糖、老抽、花雕酒、姜片、葱段, 再煮 2 分钟关火, 晾凉, 放入洗净的鸡浸泡 12 个小时左右, 捞出控干水分, 切成块。

② 香芹洗净切段; 剩余观音茶用 1 杯沸水泡至茶叶伸展, 捞出沥干水分。

③ 另起锅放入适量植物油, 待油温六成热时, 放入鸡块炸熟, 捞出控油, 再分别下入香芹、茶叶略炸, 捞出控油。

④ 将香芹、红椒粒、观音茶叶、鸡块拌匀, 摆盘后即可上桌。

椒麻卤鹅

主料 鲜鹅半只

配料 植物油、生抽、醋、食盐、白糖、花椒、香叶、陈皮、茴香、葱花、白芝麻、麻椒各适量

操作步骤

① 鹅肉洗净，焯水；麻椒焙干，捣碎。

② 锅中加水，将花椒、香叶、陈皮、茴香放入锅中，烧开，放入鹅、食盐、白糖，卤至熟烂，晾凉后，切块，摆入盘中。

③ 炒锅中倒入植物油，将葱花、麻椒放入油中爆香，调入生抽、醋，浇在鹅肉上，撒上白芝麻即可。

营养贴士 鹅肉营养丰富，脂肪含量低，对人体健康十分有利。

雪梨鸡丝

主料 鸡柳 200 克，雪梨 1 个，红彩椒丝、黄彩椒丝、青椒丝各 30 克

配料 蛋清 20 克，生粉 20 克，白醋 15 克，白糖 10 克，食盐 5 克，鸡精 3 克，香油 3 克，姜汁、植物油各适量

操作步骤

① 鸡柳洗净切丝，加入蛋清、生粉、鸡精、姜汁拌匀，腌渍 15 分钟。

② 雪梨去皮和核，洗净切丝。

③ 锅中加入植物油，烧热后倒入鸡丝翻炒至变色，盛出。

④ 所有食材放入碗中，加入白醋、白糖、香油、食盐，拌匀即可。

营养贴士 梨能生津止渴、润燥化痰，主要用于心烦口渴、肺燥干咳等症状。

芥末鸡

主料 仔鸡 1 只，雪菜 100 克

配料 绍酒 10 克，精盐 10 克，芥末 5 克，麻油 5 克，米醋 3 克，葱段、姜片各 5 克

·操作步骤·

① 仔鸡开膛，去五脏，洗净，放入沸水锅中汆烫一下，捞出再度洗净。

② 煮锅置于火上，加适量清水、绍酒、葱段、姜片，沸后撇去浮沫，再将仔鸡投入，改用小火煮熟。离火后加适量精盐，使鸡浸透入味，待汤凉后，将鸡捞出，沥净汁水，拆去骨头，放入盘中。

③ 雪菜放清水中泡发洗净，去除里边多余的盐分，然后挤干水分，切成末，沿圈撒在仔鸡周围。

④ 芥末放入碗内，用沸水调成糊状，加盖盖严，放温热处发熟（约 1 个小时），然后加凉开水调稀，再加麻油、精盐、米醋制成卤汁，最后把卤汁淋在仔鸡上即可。

·营养贴士· 鸡肉蛋白质的含量比例较高，有增强体力、强壮身体的作用。

·操作要领· 步骤②中煮鸡的锅离火后，可以稍焖片刻，使鸡肉更入味。

手撕鸡拌蜇皮

主 料 鸡胸肉、海蜇皮各200克，萝卜干、香芹各适量

配 料 食盐、白醋、鸡精、八角、花椒、葱段、姜片、蒜末、香油各适量，香菜少许

·操作步骤·

① 鸡胸肉洗净，放入加有食盐、鸡精、八角、花椒、葱、姜的水中煮30分钟。

② 香芹切成小段备用；海蜇皮切条；萝卜干泡好备用。

③ 鸡胸肉捞出后，放凉，撕成小条，与海蜇皮、香芹、萝卜干一起放在盘中，加食盐、白醋、香油、蒜末拌匀，点缀香菜即可。

·营养贴士· 海蜇皮中含有人们饮食中所缺的碘，对人体健康十分重要。

红油拌鸭掌

主 料 鸭掌300克，黄瓜150克

配 料 大蒜2瓣，香醋15克，辣椒油10克，香油5克，白糖5克，食盐3克，鸡精少许

·操作步骤·

① 黄瓜洗净，切成片；蒜瓣切成末。

② 将鸭掌切开，放入沸水锅中烫煮至熟后捞出，待冷却后去骨、去筋。

③ 黄瓜片、鸭掌、蒜末及食盐、白糖、香油、香醋、辣椒油、鸡精一同搅拌均匀，浸腌约10分钟，至味浸入鸭掌中即可食用。

·营养贴士· 从营养学角度讲，鸭掌多含蛋白质，低糖，少有脂肪，可以说是绝佳减肥食品。

川味
鸡条

主 料 鸡胸肉 150 克，春笋 100 克

配 料 盐、鸡粉各 2 克，绍酒、香油各 10 克，胡椒粉 1 克，玉米淀粉 3 克，植物油、花椒、熟芝麻各适量，香葱末少许

·操作步骤·

① 把春笋切丝备用。

② 鸡胸肉洗净，顺纹路切丝，放入碗中，加入盐、胡椒粉，再滴几滴绍酒抓匀，抓匀后放入少许玉米淀粉和清水反复轻抓上劲，直至把鸡丝里的水分吸干，感觉鸡丝有些微微发黏即可。

③ 锅中放入水烧开，先下入切好的笋丝汆烫 1 分钟，捞出，控干水，放入料理盆中；再往开水锅中加入少许凉水，水温在 80℃左右即可，然后倒入鸡丝，用筷子轻搅，鸡丝搅散后，水再次烧开，鸡丝变色即可捞出。

④ 锅内放入植物油，烧热后，放入花椒熬制，做成花椒油备用。

⑤ 把烫熟的鸡丝倒入料理盆中，里面撒入熟芝麻、鸡粉、盐、胡椒粉、花椒油、香油、香葱末拌匀即可装盘。

·营养贴士· 鸡肉含丰富蛋白质，其脂肪中含不饱和脂肪酸，故是老年人和心血管疾病患者较好的蛋白质食品。

·操作要领· 煮鸡丝时开小火即可，否则会使鸡丝变老。

辣椒拌鸭舌

主料 鸭舌 200 克，竹笋 50 克，青椒、
红椒各 80 克

配料 卤水 500 克，白醋 15 克，姜汁 20 克，
花椒油适量，食盐、鸡精各少许

·操作步骤·

① 鸭舌洗净，余水 10 秒，剥掉鸭舌的白色
外衣，将后面的两条须剪掉，入卤水中，
小火煮 15 分钟取出鸭舌。

② 青椒、红椒、竹笋分别洗净，切片，入
沸水中余水 30 秒，捞出过凉水，沥干水
分。

③ 所有食材放入碗中，加入食盐、鸡精、
花椒油、白醋、姜汁，调匀即可。

·营养贴士· 鸭舌蛋白质含量较高，易消化
吸收，有增强体力、强壮身体
的功效。

白烧鸭肝

主料 鸭肝 200 克，鲜笋 100 克，鲜香菇
50 克

配料 花椒 25 克，葱 100 克，姜片 60 克，
食盐 80 克，香叶、白糖、鸡精各
10 克，料酒 20 克

·操作步骤·

① 鸭肝洗净整理好；葱切葱花；鲜笋、香
菇切片焯熟。

② 坐锅点火，加入清水（水量以可以淹没
鸭肝为准），放入花椒、香叶、姜片、
鸭肝，中火煮至开锅，鸭肝煮熟后关火，
撇净水中浮沫。

③ 取一个盆子，用少许煮鸭肝的原汤将食
盐、白糖、鸡精、料酒调匀，再把所有
主料倒入盆中，将鸭肝、笋、香菇浸泡
至入味，自然晾凉。

④ 捞出主料盛入盘中，撒上葱花即可。

·营养贴士· 鸭肝中富含维生素 C、维生素
E、膳食纤维等。

醉三黄鸡

主料▶ 三黄鸡 1 只

配料▶ 姜片 10 克，葱段 15 克，冰糖 30
克，糟卤汁 300 克，花雕酒、白酒
各 50 克，食盐适量，青椒丝、红
椒丝、葱白丝、葱花、香叶、八角、
丁香各少许

·操作步骤·

① 锅中加水烧开，拎着洗净的三黄鸡头部
把鸡身放入开水中反复氽烫 3 次，然后
把三黄鸡放入锅中，关火加盖焖 30 分钟，
取出用冷水过凉，沥干水分。

② 另取一煮锅，放入三黄鸡、适量清水、
香叶、八角、丁香、葱段、姜片、食盐、
冰糖搅拌均匀，大火烧开，小火煮 10 分
钟，关火晾至凉透。

③ 在煮锅中加入糟卤汁、花雕酒、白酒调
成醉鸡卤汁。

④ 煮好的三黄鸡切块，放入容器中，倒入
醉鸡卤汁，让卤汁没过所有鸡块，加盖
密封放置 24 个小时，食用时点缀青椒丝、
红椒丝、葱白丝、葱花即可。

·营养贴士· 鸡肉有滋补的作用。

·操作要领· 清洗三黄鸡的时候最好用流
动的水洗，这样洗得更干净。

凉拌**鸭肝**

主料▶ 鸭肝 250 克，黄瓜 100 克，胡萝卜 50 克

配料▶ 醋 30 克，生抽 15 克，葱段 10 克，姜末、蒜末各 8 克，花椒 5 克，食盐 3 克，辣椒油适量，草果少许

·操作步骤·

① 鸭肝洗净，放入开水里焯一下，再放入加有花椒、草果、葱段的温水锅里煮 5 分钟，再盖上盖子焖 15 分钟至熟，捞出投凉，控干水分。

② 黄瓜、胡萝卜洗净切片，胡萝卜放到沸水锅中焯一下，捞出过冰水，控干水分；鸭肝切片。

③ 黄瓜、胡萝卜、鸭肝放入碗中，加入剩余配料拌匀即可。

·营养贴士· 鸭肝具有营养保健等功能，是理想的补血佳品。

红油**鸡丝**

主料▶ 鸡腿 200 克

配料▶ 青尖椒、红尖椒各 20 克，大蒜、大葱各 5 克，红油 10 克，盐 3 克，酱油适量，味精少许

·操作步骤·

① 鸡腿放入锅中煮熟，在原汤内浸泡 30 分钟，取出晾凉后切成丝。

② 蒜去皮切成蒜末；葱切成细丝；青尖椒与红尖椒切成段备用。

③ 将盐、味精、酱油、红油、青尖椒、红尖椒、蒜末放入碗中，兑成汁。

④ 将葱丝放入盘底，上面放上鸡丝，将兑好的调味汁淋在鸡丝上，拌匀即可。

·营养贴士· 鸡肉中含有丰富的蛋白质，脂肪含量却很低，所以多吃鸡肉可以增强人体抵抗力，但不会使人太多肥胖。

凉粉 **鱼拌鸡**

主 料▶ 鸡腿 2 个，豌豆凉粉 150 克，草鱼肉 100 克

配 料▶ 红油 30 克，剁椒 20 克，醋 20 克，生抽 10 克，蒜末 10 克，食盐 5 克，花椒面 3 克，姜片、葱段、植物油各适量，香菜少许

·营养贴士· 此菜对贫血、虚弱等症有很好的食疗作用。

·操作要领· 煎鱼的时候容易粘锅，可以稍微放进一点醋。

·操作步骤·

① 鸡腿洗净放入锅中，加入适量水、姜片、葱段、食盐煮熟，捞出过凉水，用手撕成片，去骨不用。

② 草鱼肉洗净，切成小条，放入锅中用植物油煎熟。

③ 豌豆凉粉切成长约 4 厘米的条，摆在盘底。

④ 剁细的剁椒、红油、醋、生抽、蒜末、花椒面、少许食盐、鸡肉、鱼肉放入碗中拌匀，摆放在凉粉上，撒上香菜，食用时拌匀即可。

山椒鸡胗

主料 泡山椒 100 克，鸡胗 500 克

配料 红椒 1 个，葱 2 根，姜 2 片，食盐 10 克，鸡精 5 克，白糖 3 克，花椒 15 粒，料酒、香醋、香油、花椒油各少许

·操作步骤·

① 鸡胗清洗干净；红椒切圈；葱切段。

② 在锅中放入料酒、葱段、姜片、花椒，加水煮开，将鸡胗放入锅中，加入食盐、鸡精煮熟，捞出，过凉，切薄片。

③ 将泡山椒、红椒圈和鸡胗放入较大容器中，加入食盐、白糖、香醋、花椒油拌匀腌 10 分钟，食用时调入适量香油即可。

·营养贴士· 此菜具有消食健胃的功效。

泡椒鹅肠

主料 鹅肠 500 克，青椒片、红椒片各 50 克

配料 泡椒 25 克，凉拌醋 15 克，食盐 5 克，鸡精 3 克，白糖、香油各少许，料酒、姜片各适量

·操作步骤·

① 鹅肠洗净，用食盐、料酒、姜片腌渍片刻，倒入开水锅中煮熟，切成段，放入盘中。

② 小碗中放入剁细的泡椒、凉拌醋、鸡精、白糖、食盐搅拌均匀，做成酱汁。

③ 将酱汁倒入装有鹅肠的盘中，加入青椒片、红椒片、香油，拌匀即可。

·营养贴士· 鹅肠对内脏、消化系统以及视觉的维护都有较好的作用。

麻香
鸭舌

主 料▶ 鸭舌 300 克

配 料▶ 葱 2 根，姜 10 克，
蒜 6 瓣，麻椒 5 粒，
干辣椒段 30 克，
料酒、生抽各 5 克，
白糖 5 克，白芝麻、
植物油各适量

·操作步骤·

① 鸭舌洗净，用料酒腌渍
20 分钟，再放入冷水中
烧开，焯水；葱切花；姜、
蒜切片。

② 炒锅加热，倒入适量植物
油，放入干辣椒段、麻
椒炒香，再放入葱花、
姜片和蒜片炒出香味，
倒入焯好的鸭舌，加少
许料酒翻炒均匀。

③ 在鸭舌中放入生抽和白糖
提味，翻炒均匀后，倒
入少许清水，盖上锅盖
中火煮 20 分钟，大火收
汁，盛盘晾凉，撒上白
芝麻即可。

·营养贴士· 鸭舌含有的磷脂类，对人的神经系统
和身体发育有重要作用，对老年人智
力衰退也有一定的作用。

·操作要领· 步骤②中植物油在七成热时就要放进
干辣椒段和麻椒，使香味慢慢炸出来。

83

黄瓜拌鸡肝

操作步骤

主料 ▶ 熟鸡肝 1 小碟，黄瓜 1 根

配料 ▶ 蒜末、辣椒油、食盐、味精各适量

① 准备所需主料。

② 将黄瓜切片；鸡肝切片。

③ 将蒜末、食盐、味精、辣椒油放入碗中搅拌均匀做成料汁。把黄瓜片与鸡肝放入碗中，倒入料汁搅拌均匀即可。

烹饪心得

营养贴士：鸡肝中维生素A的含量远远超过奶、蛋、肉、鱼等食品，具有维持人体正常生长和生殖机能的作用。

操作要领：黄瓜和鸡肝一定要切薄一点，否则不易入味。

主 料▶ 银鱼 100 克，鸡蛋 2 个

配 料▶ 姜汁 15 克，葱花 15 克，白醋 15 克，
食盐 5 克，鸡精 3 克，香油少许

银鱼**拌炒蛋**

·操作步骤·

① 银鱼洗净，放入沸水锅中焯一下，捞出
过凉水，沥干水分，放入碗中。

② 鸡蛋磕入碗中，加入葱花、姜汁、少许
白醋、食盐、鸡精打散，放入锅中炒熟，
盛出晾凉。

③ 鸡蛋放入装有银鱼的碗中，淋入白醋、
香油，拌匀即可。

·营养贴士· 银鱼中蛋白质含量丰富，
而鸡蛋中蛋白质也很丰富，
二者可以形成良好的补充，
满足人体所需的营养成分。

·操作要领· 鸡蛋磕入碗中后，可以稍
微加一点水，这样会使炒
出来的鸡蛋更嫩。

白萝卜拌鸡丝

主料 鸡胸脯肉 200 克，白萝卜 1 个

配料 葱 10 克，蒜 2 瓣，姜 2 片，香菜 5 克，料酒、生抽、精盐、香醋、白糖各适量

·操作步骤·

① 将鸡胸肉脯清洗干净；葱切段；蒜切末；锅里放水，把鸡肉和葱段、姜片、蒜末放进锅里大火煮开，添加料酒去腥，继续用中火煮 5 分钟左右，至鸡肉熟透后捞出晾凉，手撕成条。

② 白萝卜洗净切丝；香菜洗净切段；将白萝卜丝、香菜段和鸡丝混合，添加精盐、白糖、生抽和香醋拌匀即可。

·营养贴士· 白萝卜中含有丰富的维生素 A、维生素 C 等各种维生素，能防止皮肤的老化，阻止黑色色斑的形成，保持皮肤的白嫩。

·操作要领· 最后加入白糖和香醋，鸡肉更加鲜美，口感也更好。

百果
双蛋

主料▶ 鸡蛋、鹌鹑蛋各 1
个，干银耳、干木
耳各 15 克，去皮
白果 10 颗，红枣 5
个

配料▶ 鲜百合 10 克，蜂
蜜 15 克，果醋 50
克，白糖、枸杞各
少许

·操作步骤·

① 干银耳、干木耳以温水泡
发，撕成小朵；鸡蛋、
鹌鹑蛋分别放入不粘锅
中，煎成"溏心"蛋，
盛出晾凉备用。

② 锅中放入适量水，加入鲜
百合、白果、红枣、银耳、
木耳、枸杞煮开，调入
少许白糖，再以小火煮 5
分钟，关火，自然晾凉。

③ 蜂蜜、果醋加少许清水，
调成酸甜汁，放入冰箱
中冷藏 30 分钟，将所有
食材捞出放入盘中，摆
盘，食用时淋入酸甜汁
即可。

·营养贴士· 鸡蛋营养丰富，含有蛋白质、脂肪、
卵黄素、卵磷脂、维生素和铁、钙、
钾等人体所需要的矿物质。

·操作要领· 煎"溏心"蛋的时候火一定要小，否
则很快会熟透。

冬瓜鸡蛋

主 料 鸡蛋1个，冬瓜200克

配 料 枸杞、料酒、胡椒粉、鸡精、食盐、姜末、高汤各适量

·操作步骤·

① 鸡蛋放入锅中，加适量清水，煮熟，剥去蛋皮备用；冬瓜去皮，洗净切片。

② 锅烧热，下枸杞、高汤、姜末、料酒、胡椒粉、食盐烧开，放入冬瓜煮15分钟，加鸡精，拌匀后盛出，放入鸡蛋自然晾凉即可。

·营养贴士· 这道菜中含有大量的蛋白质、维生素C、钾盐等营养物质，有减肥、利尿消肿、化痰止咳等功效。

酸奶魔蛋

主 料 鸡蛋1个

配 料 酸奶50克，柠檬汁2克，盐1克，香菜少许

·操作步骤·

① 鸡蛋煮熟剥壳，从中间切成两半，将蛋黄取出，蛋白放在一边备用。

② 把蛋黄放在小碗中捣碎，再加入酸奶、柠檬汁、盐，搅拌均匀。

③ 把拌好的蛋黄放回蛋清中，最后加香菜点缀。

·营养贴士· 蛋黄中含有丰富的卵磷脂、固醇类以及钙、磷、铁、维生素A、维生素D及B族维生素，极易被人体消化吸收。

芋丝拌鸭肠

主 料▶ 鸭肠 500 克，魔芋丝 200 克

配 料▶ 红椒 25 克，料酒 20 克，醋 10 克，
辣椒油 15 克，葱 5 克，香油 5 克，
精盐、味精各 3 克

·操作步骤·

① 先将鸭肠剖开，用清水冲洗干净；把洗
好的鸭肠和魔芋丝下入开水中烫熟，鸭
肠捞出后放入凉水盆中过凉，然后改刀
切成段；将葱、红椒洗净，红椒切圈，
葱切成葱花。

② 取一个干净的容器放入鸭肠段、魔芋丝、

红椒圈和葱花，倒入醋、精盐、味精、
辣椒油、料酒、香油等，一起调拌均匀，
即可装盘。

·营养贴士· 鸭肠富含蛋白质、B 族维生
素、维生素 C、维生素 A 和
钙、铁等微量元素。

·操作要领· 清洗鸭肠时放上少许醋和盐
用力揉搓，出现泡沫后用
清水洗净，可有效去鸭
肠内的污物和异味。

手撕**鸭脯**

主料 熟鸭脯肉 300 克，白菜 200 克

配料 红椒 1 个，葱花、精盐、绍酒、味精、淀粉、白糖、酱油、鸡精、辣椒油、香油、料酒、姜片、食用油各适量

· 操作步骤 ·

① 白菜洗净掰开，汆水后捞出晾凉；熟鸭脯肉撕成细丝；红椒洗净切丝；精盐、绍酒、味精、辣椒油、淀粉、白糖、酱油、鸡精、香油、料酒、姜片、食用油调成芡汁备用。

② 将调好的芡汁淋在拌好的熟鸭脯肉和白菜上，撒上红椒丝和葱花即可。

· 营养贴士 · 鸭肉富含 B 族维生素和维生素 E，能有效抵抗脚气病、神经炎和多种炎症，还能抗衰老。

韭香**蛋皮**

主料 鸡蛋 1 个，韭菜 200 克

配料 醋、生抽各 15 克，食盐 5 克，香油 3 克，青椒、红椒各少许

· 操作步骤 ·

① 鸡蛋磕入碗中，打散，在不粘锅中摊成蛋皮，晾凉后切丝；青椒、红椒切丝。

② 韭菜洗净，切段，焯水，过凉，放入盘中。

③ 将蛋皮丝、青椒丝、红椒丝放在韭菜段上面，加入食盐、香油、醋、生抽拌匀即可。

· 营养贴士 · 韭菜中含有植物性芳香挥发油，具有增进食欲的作用。

翡翠凤爪

主料 凤爪 200 克，青椒、红椒共 100 克

配料 蒜瓣、绍酒、卤汁、清汤、精盐、味精、青芥末各适量

·操作步骤·

① 将青椒、红椒去籽和蒂，洗净后切成三角形待用；蒜瓣去皮，拍成蒜泥；将凤爪洗净拆骨，沿脚趾切开。

② 净锅上火，放入凤爪、少量清汤、卤汁、绍酒，旺火烧沸，改用小火焖至凤爪熟烂，将蒜泥下锅，再下入精盐、味精调味。

③ 捞出凤爪冷凉后，装入盘内，边上围上青椒、红椒，上面放青芥末即成。

·营养贴士· 凤爪富含谷氨酸、胶原蛋白和钙质，多吃不但能软化血管，同时具有美容功效。

·操作要领· 凤爪要沸水入锅焯水，放入绍酒可以去腥。

皮蛋**牛肉粒**

主料 皮蛋1个，牛肉200克，油炸花生米（去皮）、青椒、红椒、洋葱各50克

配料 豆豉酱15克，食盐、白糖各5克，鸡精3克，料酒、白醋各适量，橄榄油少许

·操作步骤·

① 牛肉洗净，切成小块，用料酒、食盐腌渍15分钟；皮蛋、青椒、红椒、洋葱改刀，切成与牛肉大致相当的块。

② 牛肉块放入沸水锅中焯熟，沥干水分，晾凉。

③ 所有食材放入碗中，加入豆豉酱、白醋、鸡精、白糖、食盐、橄榄油，拌匀即可。

·营养贴士· 牛肉具有补脾胃、益气血、强筋骨、消水肿等功效。

皮蛋**拌辣椒**

主料 皮蛋150克，青椒、红椒各20克

配料 白糖3克，食盐5克，醋、味极鲜酱油各适量，花椒油、香油各少许

·操作步骤·

① 皮蛋剥壳，切成小块；青椒、红椒切成粒；将皮蛋、青红椒粒放入盘中。

② 将味极鲜酱油、白糖、食盐、醋、花椒油、香油倒入碗中调成汁，浇在皮蛋上拌匀即可。

·营养贴士· 皮蛋富含铁质、甲硫氨酸、维生素E等营养物质。

蛋丝
拌菠菜

主 料 蛋皮 50 克，菠菜
200 克

配 料 食盐、鸡精各 5 克，
老陈醋适量，白糖、
香油、生抽、葱丝
各少许

·操作步骤·

① 将食盐、白糖、生抽、鸡
精、老陈醋倒入碗中搅
匀做成酱汁。

② 洗好的菠菜放入开水中焯
一下，捞出，投凉，控
干水分。

③ 蛋皮切丝与切段的菠菜
一起装入盘中。

④ 将酱汁倒入盘中，撒入葱
丝、香油，拌匀即可。

·营养贴士· 菠菜中含有丰富的维生素 A、维生素 C 及矿物质，具有理气补血、防病
抗衰等功效。

·操作要领· 菠菜焯过后一定要在冷水中浸泡至少 10 分钟，因为菠菜焯过后会有大量
草酸钙，草酸钙遇水会沉淀。

椒麻**鸡块**

主 料 鸡肉1000克

配 料 大葱20克，麻椒、食盐各10克，
香油8克，鸡精2克，姜片5克，
酱油适量

·操作步骤·

① 鸡肉洗净放入锅内，加入水、姜片、葱白，
煮至鸡刚熟时捞起晾凉，剁成长约4厘
米、宽1厘米的条块，盛于碗内。

② 将麻椒、葱叶、食盐放在菜板上，加几

滴香油，剁细，盛于碗内，加酱油、鸡精、
香油，调成椒麻汁，淋在鸡块上，拌匀
上碟即可。

·营养贴士· 鸡肉中蛋白质的含量比例较
高，且消化率高，很容易被
人体吸收利用。

·操作要领· 鸡腿熟至用筷子能轻易扎
透，不出血水便可，若煮
时间长了肉质会老。

蛋黄
菜卷

主 料 咸鸭蛋黄6个，圆
白菜叶3张

配 料 食盐少许

·操作步骤·

① 圆白菜叶放入加少许食盐
的开水中焯2分钟，取
出投凉，沥干水分。

② 圆白菜略修整成方形，每
张中卷入2个鸭蛋黄，
略压扁。

③ 卷好的菜卷放入盘中，入
蒸锅蒸3分钟，取出自
然晾凉，食用时切段摆
盘即可。

·营养贴士· 咸蛋黄富含卵磷脂与不饱和脂肪酸、氨基酸等人体所需的重要营养元素，
配以蔬菜食用，膳食搭配非常合理。

·操作要领· 圆白菜要选择叶多的部分，否则不易卷成形。

麻仁鸽蛋

主 料▶ 鸽蛋 5 个

配 料▶ 熟黑芝麻碎、白砂糖各适量

·营养贴士· 鸽蛋有"动物人参"的美誉，属于高蛋白、低脂肪的珍品，老少皆宜。

·操作要领· 鸽蛋要用凉水煮，否则容易炸裂。

·操作步骤·

① 鸽蛋放入水中煮熟，捞出过凉水，剥去蛋壳，风干水分。

② 将熟黑芝麻碎平摊在盘中，不粘锅置火上，慢火加热，放入适量白砂糖，加热 1 分钟左右，看到糖粒开始熔化时，滚入鸽蛋，以微火加热，直至鸽蛋全身粘满糖粒，即可盛出，趁热放入黑芝麻盘中，粘满黑芝麻，晾凉后摆盘即可。

浓香畜肉凉拌菜

椒油**肉渣芸豆**

主料 芸豆 150 克，猪肉 100 克，胡萝卜
30 克，海米 20 克

配料 麻椒油 10 克，白醋 15 克，食盐 5 克，
鸡精 3 克，葱白丝、植物油各适量

·操作步骤·

① 海米用温开水泡发，捞出沥干水分。

② 芸豆洗净切丝，放入沸水中焯水至断生，
捞出过凉水，沥干水分；猪肉洗净切丁；
胡萝卜洗净切丝。

③ 锅中放入少许植物油，烧热后放入猪肉
丁，转小火，慢慢煎制，直至逼出里面
的猪油，肉变为焦黄色，下入海米略翻炒，
捞出控油，晾凉。

④ 所有食材全部放入碗中，加入麻椒油、
白醋、葱白丝、食盐、鸡精，拌匀即可。

·营养贴士· 肉渣中含有大量的动物脂肪，
因此不宜食用过多。

蒜香**白肉**

主料 五花肉 300 克

配料 蒜泥、酱油、辣椒油、糖、盐、姜
片、葱段、料酒各适量

·操作步骤·

① 锅中放入适量水（能没过肉），再放入
姜片、葱段和少许料酒，水滚后，将肉
放入汤锅中煮熟（8~10 分钟，用筷子能
插透肉）。关火后将肉浸泡在煮肉的原
汤中 20 分钟至温热。

② 捞出肉晾干，切成薄片摆盘。

③ 蒜泥加盐和煮肉的冷汤调成蒜泥汁，
将蒜泥、酱油、辣椒油、糖兑成调料，
搅拌均匀，最后将调料汁淋在切好的
肉片上即可。

·营养贴士· 五花肉能提供血红素（有机
铁）和促进铁吸收的半胱氨酸，
能改善缺铁性贫血。

小酥肉

主料 肋猪肉适量

配料 葱段、姜片、花椒、八角、精盐、黄酒、味精、花生油、甜面酱、醋各适量

·操作步骤·

① 带皮肋猪肉切成6厘米左右宽的片，在开水锅内旺火煮透捞出，再用葱段、姜片、花椒、八角、精盐、甜面酱、黄酒、味精和适量煮肉原汤浸淹2个小时，上笼用旺火蒸至八成熟，取出晾凉。

② 炒锅置旺火上，加花生油，烧至五成热时，肉皮朝下放入锅内炸制，转微火，10分钟后捞出。

③ 在皮上抹一层醋，再次下锅内炸制，反复3次，炸至肉透皮呈金黄色时捞出，控油晾凉。

④ 猪肉切成约0.6厘米厚的片，整齐码盘，上菜时带甜面酱即可。

·营养贴士· 猪肉含有丰富的优质蛋白质和人体必需的脂肪酸。

·操作要领· 蒸好的肉要控干，否则炸的时候容易溅油。

猪耳拌黄瓜

主 料 黑木耳、猪耳朵（熟）各200克，黄瓜100克

配 料 鸡精、白糖、食盐各5克，植物油6克，香醋、生抽、葱、姜、蒜各适量

·操作步骤·

① 黑木耳用冷水泡发后，剪去根蒂，撕成小朵，锅中放清水烧开后，入黑木耳余烫3分钟捞出；黄瓜去皮切菱形块备用；猪耳朵切片备用。

② 葱、姜、蒜切末放小碗里，植物油烧热后浇在上面烹出香味，加入适量生抽、食盐、鸡精、香醋、白糖调匀成味汁。

③ 将黄瓜摆到盘边，作为装饰，将黑木耳与猪耳朵一起倒入盘中间，将味汁倒入，拌匀即可。

·营养贴士· 黑木耳可以维护细胞的正常代谢，具有延缓衰老作用。

蒜泥莴笋肉

主 料 牛肉250克，莴笋150克

配 料 蒜泥15克，绍酒20克，生抽15克，醋10克，食盐5克，葱段、姜片各适量，鸡精、香油各少许

·操作步骤·

① 莴笋去叶、皮洗净，切成薄片，用少许食盐拌匀，腌渍15分钟，控干水分。

② 牛肉洗净，在沸水锅中烫一下，捞出洗净。

③ 牛肉放在锅里，加水、绍酒、葱段、姜片、适量食盐烧开，改小火煮至熟烂，捞出切成薄片。

④ 莴笋、牛肉片放入碗中，调入剩余配料，拌匀即可。

·营养贴士· 牛肉含维生素 B_6、蛋白质等，可以起到补血、抗衰老、补脾胃、增强免疫力等作用。

松仁小肚

主料 去皮猪五花肉 500 克，小肚适量

配料 松仁 50 克，淀粉 80 克，砂仁、花椒粉、鸡精各 5 克，姜末 30 克，食盐 10 克，香油 10 克，白糖 100 克

·操作步骤·

① 去皮猪五花肉洗净，切成大约长 5 厘米、宽 3 厘米、厚 1 厘米的片，放入一个大碗内，加入除白糖、部分食盐外的配料以及适量清水拌匀，不停搅拌直至馅料变成黏性状态。

② 小肚洗净，控干水分，灌入七成左右的肉馅，扎好皮口，捏均匀后压扁，剩余肉馅按此操作步骤灌好。

③ 灌好后洗净肚皮表面，放入加有食盐的沸水锅中，水开后改中小火，期间每半小时左右扎针放气一次，控尽肚内油水，并翻动几次，撇除浮沫，煮制大约 2 个小时后关火。

④ 熏锅内放入白糖，小肚装入熏锅进行熏制，8 分钟后出锅晾凉，食用时切片摆盘即可。

·营养贴士· 猪肉含有丰富的优质蛋白质和人体必需的脂肪酸。

·操作要领· 清洗小肚要先用盐搓一遍，以去除表面的油脂，然后要多次清洗，以去掉异味。

果仁拌牛肉

主料 牛肉 500 克，油炸花生米（去皮）50 克

配料 葱段、姜片各 30 克，花椒 8 粒，干辣椒 2 个，香叶 2 克，小茴香 5 克，鸡精 3 克，白醋 15 克，辣椒油、食盐、姜末、蒜末各适量，椒盐少许

·操作步骤·

① 牛肉洗净，用冷水浸泡 1 个小时，取出后放入汤锅中加冷水没过牛肉，小火烧开，撇去浮沫，加入葱段、姜片、花椒、干辣椒、香叶、小茴香、食盐，小火焖 1 个小时即可关火，在卤汁中晾凉。

② 牛肉切片，摆入盘中，淋入以油炸花生米、姜末、蒜末、椒盐、鸡精、辣椒油、白醋调成的味汁，拌匀即可。

·营养贴士· 牛肉营养丰富，对贫血、产后气血两虚、营养不良的人群有很大裨益。

蒜泥拌白肉

主料 五花肉 1 块

配料 蒜 2 瓣，盐、葱段、姜片、花椒、生抽、红糖、五香粉、辣椒油各适量

·操作步骤·

① 五花肉洗净焯水；另烧一锅开水，加入葱段、姜片和适量花椒，放入焯水后的五花肉，保持沸腾，以中小火煮 20 分钟，关火，肉浸在原汤中至少 30 分钟，或者浸至温凉时取出，再放入冰箱冻 10 分钟，切薄片。

② 蒜瓣加盐捣成蒜泥，加少量放凉后的原汤，调成蒜泥汁。

③ 生抽、红糖加适量煮肉原汤和少许五香粉，略煮一会儿，即成复制酱油；复制酱油放凉后加辣椒油以及之前的蒜泥汁，混合均匀后浇在肉片上即可。

·营养贴士· 这道菜有滋阴、补肾、益气、止消渴、润肌肤等作用。

九味
白肉

主 料▶ 五花肉 200 克，菠菜
100 克

配 料▶ 盐 6 克，味精、花椒
粉各 3 克，料酒 10 克，
香油、陈醋各 5 克，
大蒜 5 克，小葱、姜
各 15 克，白芝麻适量

·操作步骤·

① 将五花肉放入沸水中煮烫，
然后捞入凉水中漂洗，待
用；小葱部分切段，部分
切末；姜部分切片，部分
切末；大蒜切末备用。

② 取一铁锅，加入清水、葱段、
姜片、料酒，上火煮沸。

③ 将出水的五花肉放入锅
内煮熟，煮熟后，锅中
放盐，将肉浸泡入味。

④ 将煮熟的五花肉从锅中捞
出晾凉，控净水，切成大
薄片，整齐地摆放在盘中。

⑤ 菠菜洗净后，切段，然后
用沸水焯一下，捞出过凉
水，沥干水分，放在肉片上。

⑥ 锅中放油，加入盐、味精、
花椒粉、香油、料酒、陈醋、
蒜末、葱末、姜末爆香，淋
在菠菜上，撒上白芝麻即可。

·营养贴士· 五花肉含蛋白质丰富，且性微寒，有
解热功能。

·操作要领· 步骤③中一定要用小火将五花肉煮熟，
火太大容易使肉变老。

湘卤手撕牛肉

主料 牛肉 350 克

配料 山楂、桂皮、大料、花椒、香叶、陈皮、良姜、肉蔻、酱油、葱段、酱汁、姜片、芝麻（熟）、油各适量

·操作步骤·

① 牛肉切片；以山楂、桂皮、大料、花椒、香叶、陈皮、良姜等垫底，摆上牛肉片，淋上酱汁，放入冰箱一天一夜。

② 酱油、葱段、姜片先后入锅，添 800 克清水烧开，牛肉下锅，复开后煮 14 分钟。

③ 牛肉煮好捞出，放凉后撕成小条，在油锅中炸至外表焦脆后，加入葱段和芝麻拌匀即可。

·营养贴士· 此菜对脾虚少食、水肿的患者有良好的疗效。

夫妻肺片

主料 牛肉 100 克，牛舌、牛头皮、牛心各 150 克，牛肚 200 克，芹菜适量

配料 香料包（内装有八角、三奈、大茴香、小茴香、草果、桂皮、丁香、生姜）1 个、盐、味精、红油辣椒、豆油、花椒面、熟花生米、芝麻各适量

·操作步骤·

① 将牛肉切成块，与牛杂（牛舌、牛心、牛头皮、牛肚）一起漂洗干净，用香料包、盐、花椒面卤制，先用猛火烧开后转用小火，卤制到肉料粑而不烂，然后捞起晾凉，切成大薄片，备用。

② 将芹菜洗净，切成 0.5 厘米长的段；芝麻炒熟和熟花生米一起压成末备用。

③ 盘中放入切好的牛肉、牛杂，再加入卤汁、豆油、味精、花椒面、红油辣椒、芝麻花生米末和芹菜，拌匀即成。

·营养贴士· 此菜具有温补脾胃、补肝明目等功效。

川味**风干肠**

主料 猪肉（后臀肉去皮）、猪小肠各适量

配料 食盐、鸡精、花椒、胡椒面、辣椒面、白酒、白糖各适量

·操作步骤·

① 将去皮猪肉用温水洗净，将肉表面的水沥干，肥、瘦肉分开，分别切成1厘米见方的肉丁，再分别装入不同的瓷罐里。

② 在瓷罐中放入食盐、鸡精、花椒、胡椒面、辣椒面、白酒、白糖等调料搅拌均匀，盖上盖子腌渍8~10个小时。

③ 将小肠从内至外清洗干净，制成肠衣。

④ 将肥、瘦肉混合搅拌均匀，灌入肠衣内，每隔10~20厘米用细绳扎成一小节，把多余的水和空气赶出去，之后拿出去在阳光充足的地方暴晒3~4天，再挂到通风的高处或是屋檐下风干，15天左右便可蒸熟切片，装盘食用。

·营养贴士· 猪肉具有补虚强身、滋阴润燥、丰肌泽肤的作用。

·操作要领· 将拌好的猪肉灌入肠衣内扎好以后，可以用细针在肠衣上扎几个小孔，以将多余的水分和空气都排出去。

辣拌酱牛肉

主料 牛肉 300 克，熟花生米 50 克

配料 辣椒油、香葱、酱油、白糖、大蒜、食盐、味精各适量

操作步骤

准备所需主材料。

将牛肉放入清水中，放入酱油、白糖、大蒜、食盐，牛肉煮熟后切片。

将熟花生米拍碎；香葱切成长条。

将牛肉和香葱放入碗内，然后放入碎花生米、味精、辣椒油，搅拌均匀即可。

营养贴士：酱牛肉酱味浓厚，肉质香醇，乃肉中佳品，有补中益气、滋养脾胃、强健筋骨、化痰息风、止渴止涎的功效。

操作要领：煮牛肉的时候可以在锅里放几个山楂，不仅可以使牛肉熟得更快，还可以去异味。

辣酱麻蓉里脊

主料 猪里脊肉 300 克，香菜 50 克

配料 料酒、辣酱各 30 克，食盐、麻椒粉各 5 克，白醋 15 克，鸡精 3 克，姜汁、蒜蓉、植物油各适量，胡椒粉、黑芝麻、白芝麻各少许

操作步骤

① 猪里脊肉洗净切片，放入姜汁、料酒、食盐腌渍片刻；香菜择去根、老叶，洗净后切段，铺在碗底。

② 锅中加入植物油烧热，放入猪里脊肉滑散，炒熟，捞出控油晾凉。

③ 晾凉的里脊肉放辣酱、麻椒粉、白醋、食盐、鸡精、胡椒粉、蒜蓉，拌匀后腌渍入味，食用时撒上黑、白芝麻即可。

营养贴士 猪肉所含蛋白质属于完全蛋白质，并且所含必需氨基酸的构成比例接近人体需要，因此易被人体充分利用。

操作要领 可以在腌渍后的猪里脊肉表面抹上一层淀粉，能使肉更鲜嫩。

家常拌猪耳

主料 卤猪耳 300 克，莴笋 100 克

配料 食盐、鸡精各 3 克，香油、豆豉酱、白醋、花椒油、蒜末各适量

·操作步骤·

① 卤猪耳切成丝。

② 莴笋去皮洗净，切成细丝，焯水后投凉，沥干水分，与猪耳摆好盘。

③ 取一个小碗，放入白醋、豆豉酱、蒜末、花椒油、鸡精、香油、食盐搅拌均匀，浇在猪耳上即可。

营养贴士 猪耳具有补虚损、健脾胃的功效，适于气血虚损、身体瘦弱者食用。

红油猪耳

主料 卤猪耳 300 克，青椒、红椒各 50 克

配料 葱白 50 克，辣椒油 30 克，食盐 5 克，鸡精 3 克，生抽、白糖、香醋、花椒粉各适量，香菜叶少许

·操作步骤·

① 卤猪耳切丝；青椒、红椒、葱白切丝；香菜叶洗净切段。

② 取一个小碗，依次放入辣椒油、花椒粉、食盐、鸡精、生抽、香醋、白糖拌匀。

③ 将猪耳丝、青椒丝、红椒丝、葱白丝放入碗中，加入调料拌匀，点缀香菜叶即可。

营养贴士 这道菜中含有丰富的蛋白质、胡萝卜素等营养物质，可以起到补肝明目等作用。

风味
牛肉

主　料 ▶ 前腿牛腱子 1000 克

配料 ▶ 白糖、五香粉各 5 克，
食盐 10 克，丁香、
花椒、八角、陈皮、
小茴香、甘草各少许，
大葱、姜、生抽、老
抽各适量

·操作步骤·

① 牛肉洗净，切成 5 厘米见方的片；锅中倒
入清水，大火加热后，放入牛肉，略煮后，
捞出用冷水浸泡，让牛肉缩紧。

② 将丁香、花椒、八角、陈皮、小茴香、甘
草装成香料包，大葱洗净切三段，姜洗
净后，用刀拍松。

③ 砂锅中倒入适量清水，大火加热，依次
放入香料包、食盐、葱段、姜、生抽、
老抽、白糖、五香粉，煮开后放入牛肉，
继续用大火煮约 15 分钟，转小火煮至
肉熟，捞出，放在通风、阴凉处晾凉。

④ 将冷却的牛肉，放入烧开的原汤中小火煨
半小时，煨好后盛出，冷却即可。

·营养贴士· 水牛肉能安胎补神，黄牛肉
能安中益气、健脾养胃、
强筋壮骨。

·操作要领· 煮牛肉的时候，可以在锅里
放进一些茶叶，这样不仅
可以使牛肉尽快熟烂，还
可以使牛肉更加美味。

椒麻舌片

主料 猪舌（熟）300克

配料 辣椒油25克，麻椒10克，鸡精3克，白糖5克，生抽、葱油、白醋各10克，青椒1个

·操作步骤·

① 用锅将麻椒焙香，磨成粉粒备用；猪舌切片，放入盘中；青椒洗净，切粒。

② 取一个小碗，加入鸡精、辣椒油、葱油、白糖、生抽、白醋、麻椒粉粒、青椒粒，调成汁。

③ 将调好的汁浇在放有猪舌的盘中搅拌均匀即成。

·营养贴士· 猪舌性平、味甘咸，含有较高的胆固醇，有滋阴润燥的功效。

炝猪肝

主料 猪肝、鲜笋、黄瓜各200克，胡萝卜适量

配料 生抽、白醋各15克，鸡精、食盐各3克，香油5克，植物油适量，花椒少许

·操作步骤·

① 猪肝洗净，切片，入开水中焯水至熟；鲜笋、黄瓜、胡萝卜均洗净切片，焯水备用。

② 猪肝片、鲜笋片、黄瓜片、胡萝卜片放入碗内，然后加入生抽、白醋、鸡精、食盐、香油。

③ 锅中放入少许植物油，下入花椒炸香，浇到主料中，拌匀即可。

·营养贴士· 猪肝中含有丰富的维生素A，可以保护眼睛，维持正常视力，有效地防止眼睛干涩、疲劳。

川卤**牛肉**

主料▸ 牛肉 500 克

配料▸ A：香叶 5 片，甘草 4 片，陈皮 2 片，
八角 2 颗，桂皮 1 段，草果 1 颗，
小茴香、花椒、干辣椒各适量

B：冰糖 15 克，豆瓣酱 15 克，生
抽、老抽各 30 克，食盐 15 克，料
酒 15 克，五香粉 5 克，姜片、葱
白各适量

·操作步骤·

① 牛肉洗净，用清水浸泡半小时去除血水，
捞出洗净改刀切成 4 块，冷水入锅焯水，
捞出后投凉，洗净浮沫。

② 将牛肉放入清水锅中，用纱网包好配料 A，
投入锅中，加适量清水盖上锅盖，大火
煮 15 分钟，加入配料 B，转小火继续煮
1 个小时至牛肉熟烂，关火，牛肉浸在卤
水中自然冷却，食用时切成小块装盘即可。

·营养贴士· 牛肉中氨基酸组成与人体
需要更加接近，能提高机
体抗病能力。

·操作要领· 步骤②中要将牛肉放入煮沸
的清水锅中，因为这样可以
更好地保存肉中的营养成分。

花雕 焆腰片

主料 猪腰 300 克，黄瓜、冬笋各 50 克，生菜少许

配料 花椒 10 粒，鸡精、食盐各 5 克，植物油、葱花、姜末、白醋、花雕酒各适量，高粱酒、香油各少许

·操作步骤·

① 猪膜撕去表面的皮膜，对半剖开，片去中间的筋膜和血块，切成薄片，冲洗至无血水，再用加了花椒的清水和高粱酒略泡，捞出，沥水。

② 腰片入沸水锅中，加少许食盐焯熟，捞出投凉，沥水；黄瓜、冬笋洗净切片，冬笋焯熟，投凉，沥水。

③ 腰片、黄瓜、冬笋放入碗中，锅中加少许植物油，下入葱花爆香，加入花雕酒、鸡精、食盐，煮滚后浇到腰片上，再加入白醋、香油、姜末拌匀，用生菜点缀即可。

·营养贴士· 猪腰含有蛋白质、脂肪、碳水化合物、钙、磷、铁和维生素等营养物质。

椒麻 腰花

主料 猪腰 400 克

配料 香醋 1 勺，葱花 3 克，青花椒 3 克，麻油 2 克，味精少许，酱油、白糖、香菜各适量

·操作步骤·

① 猪腰洗净一剖两片，除去膜，去掉白色的筋，切成菱形腰花。

② 锅内放入清水，烧沸后，把腰花放入，迅速搅散，立即将其捞出，沥去水分。

③ 将青花椒炒香，出锅与葱花、香菜一齐切成细末，放入小碗中，加酱油、香醋、白糖等调料调成椒麻汁，浇在腰花上，吃时拌匀即可。

·营养贴士· 猪腰具有补肾气、通膀胱、消积滞、止消渴之功效，可用于治疗肾虚腰痛、水肿、耳聋等症。

冻**肘子**

主料 猪肘 500 克，黄瓜 100 克

配料 八角 2 粒，香叶 2 片，茴香 1 小把，桂皮 1 块，食盐、鸡精各 5 克，香油少许，葱段、姜片、蒜瓣、蒜末、料酒、生抽、白糖、香醋各适量

·营养贴士· 黄瓜含有丙醇二酸、葫芦素及柔软的细纤维等成分，是美容养颜的首选。

·操作要领· 步骤③中一定要趁热去骨，并用保鲜膜包裹严实，否则不易成形。

·操作步骤·

① 猪肘放入锅中汆烫，去除血水后捞出。

② 锅中放入猪肘和足量的清水，放入葱段、姜片、蒜瓣、八角、香叶、茴香、桂皮煮开，再加入生抽、料酒和适量食盐，加盖用大火烧开后转小火卤 2 个小时。

③ 捞出猪肘，用刀将肘子的一面破开，剔除骨头，再把肘子卷起来，用保鲜膜包裹严实，放入冰箱，冷藏半天即可定型，然后拆掉包装，切成方形片。

④ 黄瓜洗净，切成长片后摆盘，冻肘与黄瓜一同摆放入盘中。

⑤ 取一个小碗，加入蒜末、生抽、香醋、白糖、鸡精、香油混合均匀调成味汁，浇在冻肘上即可。

凉拌**肉皮丝**

主料 猪肉皮 250 克，黄瓜 100 克

配料 辣椒油、生抽各 15 克，香醋 10 克，食盐 5 克，鸡精 3 克，姜片、蒜末、葱花各适量，香油少许

· 操作步骤 ·

① 猪肉皮放在火上略烤有毛一面，放入清水中用小刀刮洗干净，沥干水分，放入开水锅中，加入姜片、适量食盐煮熟，捞出晾凉，切成丝。

② 黄瓜洗净，切细丝。

③ 将辣椒油、生抽、香醋、少许食盐、鸡精、香油、蒜末、葱花调匀，浇在肉皮上拌匀即可。

· 营养贴士 · 猪皮可以有效防止皮肤过早褶皱，延缓皮肤的衰老过程，并且还有滋阴补虚、养血益气的功效。

萝卜干**拌肚丝**

主料 猪肚 300 克，青萝卜干 150 克

配料 白卤水 500 克，白糖 8 克，干辣椒丝、干辣椒碎各 5 克，葱花、蒜末各 5 克，食盐 5 克，生抽、香醋、植物油各适量，花椒粉、鸡精、香油各少许

· 操作步骤 ·

① 猪肚放入盆内洗净，入沸水锅中氽烫 1 分钟，再放入白卤水中煮熟，捞起晾凉，切成丝。

② 青萝卜干放入清水中浸泡 30 分钟，令其涨发。

③ 肚丝与青萝卜干放入碗中，加入食盐、鸡精、干辣椒碎、花椒粉、白糖、蒜末、生抽、香醋、香油。

④ 锅中放植物油烧热，炸香葱花、干辣椒丝，趁热浇到主料中，拌匀即可。

· 营养贴士 · 猪肚味甘、性微温，归脾、胃经，具有补虚损、健脾胃的功效。

椒麻
猪肝

主 料 猪肝 300 克

配 料 香葱、姜各 20 克，
香油 5 克，盐 10 克，
八角 1 克，花椒 3 克，
白醋 3 克，白砂糖 5
克，江米酒 5 克，红
油适量

·操作步骤·

① 香葱洗净切小段；姜洗净
切末。

② 锅中倒入适量的水烧开，
放入猪肝氽烫后捞出。

③ 把葱段、姜末一起放入锅
中，再加入盐、八角、
花椒、白醋、白砂糖、
江米酒、水煮开。

④ 放进氽烫过的猪肝，用小
火煮 10 分钟后捞出，沥
干，晾凉。

⑤ 猪肝切片，放在盘子中，
淋上红油和香油即可。

·营养贴士· 猪肝中含有丰富的维生素、铁等元素，
有补肝、明目、养血的功效，特别适
合贫血、常在电脑前工作、爱喝酒的
人食用。

·操作要领· 猪肝容易做老，烫之前用生粉抓一下
可以保证猪肝的滑嫩。

麻辣拌猪皮

主 料 小葱 50 克，猪皮 300 克

配 料 蒜泥、麻椒粉、辣椒油、食盐、味精各适量

操作
步骤

准备所需主材料。

将猪皮放入清水锅内煮熟。

将猪皮捞出控水后切成丝；小葱切成葱花。

把猪皮丝放入碗内，放入蒜泥、麻椒粉、葱花、食盐、味精，最后放入辣椒油，搅拌均匀即可。

烹 饪 心 得

营养贴士： 猪肉皮是一种蛋白质含量很高的肉制品，其中含有大量的胶原蛋白。猪皮可以为常食之物，也可作为药物，对人的皮肤、筋腱、骨骼、毛发都有重要的生理保健作用。

操作要领： 如果猪皮外有猪毛，可以找一个粗铁丝，将粗铁丝放在火上烧红，轻轻将肉皮上的毛烫干净。

白切猪肚

主料▶ 新鲜猪肚 1 个，香芹 1 根，青椒、
红椒、黄椒各 1 个

配料▶ 大料 2 粒，白胡椒 10 粒，姜 2 片，
沙姜豉油 75 克，精盐 75 克，葱 1 根，
香菜少许，生粉适量

·操作步骤·

① 新鲜猪肚去肥油，翻转后，仔细冲洗，
再加入生粉、精盐、揉搓干净。

② 将青椒、红椒、黄椒和葱切成细丝；香菜、
香芹切小段；姜切丝备用。

③ 将洗净的猪肚放入已烧开的热水内，加
入大料、白胡椒、姜丝，转用慢火煲 40
分钟至熟。

④ 猪肚稍凉后，切片上碟，并摆上青椒丝、
红椒丝、黄椒丝、葱丝、姜丝、香芹段
及香菜段，食用时可蘸沙姜豉油。

·营养贴士· 此菜具有美容润肤的功效。

牛肚拌金针

主料▶ 牛肚 200 克，金针菇 100 克，胡萝
卜 50 克

配料▶ 料酒 30 克，白醋 15 克，白糖 10 克，
食盐 5 克，鸡精 3 克，葱段、姜片
各适量，香芹少许

·操作步骤·

① 牛肚用食盐反复搓洗，去掉黏性物质，
锅中烧开水，加入牛肚、葱段、姜片、
料酒中火煮熟，捞出晾凉。

② 胡萝卜洗净，切丝；香芹洗净，切段；
金针菇去除根部撕开。

③ 锅中烧水，分别下入金针菇、胡萝卜丝、
香芹段焯水至断生，捞出过凉水，沥干水分。

④ 所有食材放入盘中，加入剩余调料拌匀
即可。

·营养贴士· 牛肚适宜病后虚羸、气血不足、
营养不良、脾胃薄弱的人食用。

海蜇拌腰条

主 料▶ 猪腰（已处理）300 克，海蜇条 50
克

配 料▶ 红椒、蒜薹各 50 克，高粱酒 30 克，
香油、料酒各 10 克，姜片、蒜末各
10 克，生抽 15 克，食盐 5 克，鸡精 3 克，
花椒适量，蒸鱼豉油、胡椒粉各少许

·操作步骤·

① 猪腰洗净，先切片，斜切花刀，再切成条，
用加有花椒、高粱酒的水略泡，放入沸
水锅中焯一下，待腰花变色时捞出沥水。

② 海蜇条在清水中浸泡 3 个小时，洗净，
放入沸水中快速焯一下，捞出投凉，控水。

③ 蒜薹洗净切段，焯水，捞出控干；红椒
洗净切条。

④ 所有食材放入碗中，加入剩余配料，拌
匀即可。

·营养贴士· 这道菜中含有大量的蛋白
质、碳水化合物、维生素等，
可以起到降血压、扩张血
管等作用。

·操作要领· 猪腰切片后，可以在葱姜汁
中浸泡 2 个小时左右，以
去除腥味。

青辣椒拌肚丝

主 料 牛肚 250 克，青辣椒 100 克，

配 料 白糖 3 克，醋 10 克，食盐、鸡精各 5 克，香油、酱油各少许

·操作步骤·

① 牛肚用清水煮熟，晾凉，切丝；青辣椒洗净，切丝。

② 将牛肚丝和青辣椒丝放入盘内，调入以香油、酱油、醋、食盐、白糖、鸡精调成的汁，浇在牛肚丝上，拌匀即可食用。

·营养贴士· 牛肚具有补益脾胃、补气养血、补虚益精的功效。

麻辣毛肚

主 料 毛肚 300 克，莴笋 100 克

配 料 食盐、鸡精、白糖各 5 克，大蒜、辣椒油各适量，香油、麻油各少许

·操作步骤·

① 毛肚用水冲洗干净，然后用冷水浸泡 30 分钟后用热水焯，投凉后沥干水分。

② 莴笋切成片，焯水后和牛肚一起摆入盘中；大蒜切成末。

③ 将蒜末、食盐、麻油、香油、辣椒油、鸡精、白糖调成汁，浇在毛肚上，拌匀即可。

·营养贴士· 毛肚含蛋白质、脂肪、钙、磷、铁、硫胺素、核黄素等，具有补益脾胃、补气养血、补虚益精、消渴、风眩等功效。

麻辣
拌肚丝

主 料 猪肚 400 克，青椒、红椒各 50 克

配 料 食盐 3 克，白糖 4 克，大蒜 3 瓣，花椒粉 5 克，葱白 5 克，姜 3 克，辣椒油、酱油、芝麻、醋各适量

·操作步骤·

① 新鲜猪肚用食盐反复搓洗 3 遍以上，去掉内外的黏性物质，清水烧开，猪肚下锅中煮熟。

② 大蒜切碎，姜切末；青椒、红椒切丝并焯水放凉；葱白切丝备用。

③ 将煮熟的猪肚捞出，沥干，冷却，切成条，在凉拌盆中放入酱油、醋、姜末、蒜末、葱丝、食盐、白糖、辣椒油、花椒粉、青椒丝、红椒丝拌匀装盘，最后撒上芝麻拌匀即可。

·营养贴士· 猪肚具有补虚损、健脾胃的功效，适于气血虚损、身体瘦弱者食用。

·操作要领· 为了使菜更香，可以在少许油中慢慢将姜末、蒜末爆香，然后倒进其他调料，再淋到猪肚上。

麻香椒油百叶

主料▶ 牛百叶 300 克

配料▶ 白醋 15 克，食盐 5 克，白糖 3 克，辣椒油 5 克，葱白、香菜、青椒、红椒、白芝麻各适量，胡椒粉、麻油各少许

·操作步骤·

① 牛百叶焯水捞出，控干水分，切细丝，放入小碗中备用。

② 青椒、红椒、葱白切成细丝；香菜切段。

③ 用白醋、麻油、辣椒油、食盐、胡椒粉、白糖调成味汁，浇在百叶上。

④ 将切好的香菜、青椒、红椒、葱白及白芝麻撒到百叶上，拌匀即可。

·营养贴士· 牛百叶含蛋白质、脂肪、钙、磷、铁、硫胺素、核黄素等，具有补益脾胃、补气养血的功效。

芥末百叶

主料▶ 牛百叶 300 克，西芹 50 克

配料▶ 食盐、白糖各 10 克，白醋、芥末膏各适量，香油少许

·操作步骤·

① 牛百叶用食盐反复搓洗，洗净后切小片。

② 西芹只取梗，洗净斜切段，焯熟，投凉，沥干水分。

③ 锅中烧开水，水沸后下入牛百叶余熟，捞出放入凉开水中浸泡 15 分钟，再控干水分。

④ 牛百叶处理好放入盘中，在一侧以西芹段摆盘，以配料调成酱汁，淋在牛百叶上，拌匀即可。

·营养贴士· 牛百叶清热而不伤胃，润燥而不滞脾，是老少兼宜的营养食品。

麻辣爽脆猪肚

主　料 猪肚 200 克，香芹、绿豆芽各 50 克

配　料 辣椒油 20 克，醋 10 克，葱油 8 克，食盐 3 克，鸡精 2 克，植物油适量，鲜青麻椒少许

·操作步骤·

① 熟猪肚切成长 5 厘米的条。

② 香芹择去叶子，洗净切段，绿豆芽择去两头，洗净，分别焯熟，过凉水，沥干水分。

③ 锅中放适量植物油，下入鲜青麻椒炸香，制成麻油。

④ 碗中放入食盐、鸡精、葱油、麻油、辣椒油、醋、香芹段、豆芽、猪肚拌匀，入盘即成。

·营养贴士· 猪肚含有蛋白质、脂肪、碳水化合物、维生素及钙、磷、铁等营养物质，适宜气血虚损、身体瘦弱者食用。

·操作要领· 如果家里没有麻椒，可以直接去超市买麻油代替。

五香卤大肠

主料 大肠头 750 克

配料 酱油 30 克，白酒 25 克，生抽、姜汁各 15 克，食盐 10 克，甘草、桂皮各 5 克，八角 2 粒，南姜片 25 克

·操作步骤·

① 先把大肠头洗干净，用滚水滚熟，过冷水，控干水分。

② 锅里加清水，放入酱油、食盐、白酒、南姜片、甘草、桂皮、八角，滚时投入大肠，用慢火卤制，用筷子可以扎入即可关火。

③ 大肠在锅内自然晾凉，捞出切成段，淋入生抽、姜汁调成的汁即可。

·营养贴士· 猪大肠性寒、味甘，有润肠、去下焦风热、止小便频数的作用。

腊肠拌年糕

主料 年糕 200 克，腊肠 100 克

配料 食盐 5 克，鸡精 3 克，红椒、青椒各 1 个，白醋、姜汁、橄榄油各适量

·操作步骤·

① 腊肠放入蒸锅中蒸熟，取出晾凉，斜刀切成薄片；青、红椒洗净，斜切成段，焯熟。

② 年糕放在清水中浸泡半小时，捞出焯水，投凉后沥干水分。

③ 将处理好的腊肠、年糕、青椒、红椒放入盘中，淋入以橄榄油、姜汁、鸡精、食盐、白醋调好的味汁，拌匀即可。

·营养贴士· 腊肠可开胃助食，增进食欲；年糕含有蛋白质、脂肪、碳水化合物、烟酸、钙、磷、钾、镁等营养健康元素。

笋丝牛肚

主 料 牛肚 300 克，竹笋 200 克，青椒、红椒各少许

配 料 生抽、红油各 30 克，老抽 25 克，白糖 10 克，食盐 5 克，鸡精 3 克，面粉、香醋、蒜瓣、干辣椒段、香菜各适量，大料、香叶、香油各少许

·营养贴士· 此菜具有补气养血、补虚益精的功效。

·操作要领· 步骤④中也可以将干辣椒剪成段，撒在肚丝上，然后将烧热的红油直接倒在辣椒上，会使菜更香。

·操作步骤·

① 牛肚用面粉、清水反复搓洗干净，控干水分，放入高压锅中，加入适量食盐、大料、蒜瓣、干辣椒段、老抽、香叶和少许水，上汽后转小火继续煮 10 分钟，卤好后浸泡在卤水中自然晾凉。

② 竹笋洗净切丝，焯熟后过凉水，沥干水分；香菜洗净切段；青椒、红椒洗净，切丝。

③ 牛肚切成细条，连同其他食材一起放入大碗中，加入食盐、鸡精、生抽、香醋、白糖。

④ 锅中放红油，加入干辣椒段炸出香味，趁热浇到肚丝上，淋入香油拌匀即可。

125

蒜泥
血肠

主 料▶ 血肠 300 克

配 料▶ 老汤 500 克，蒜 3
瓣，姜 8 克，生抽、
醋各适量，香油、
食盐各少许

·操作步骤·

① 蒜先切成小块，再放入碗
中捣成泥；姜切末。

② 血肠在冷水中浸泡片刻，
放入沸水锅中余烫 30 秒，
捞出控水。

③ 锅中烧开老汤，加入余过
水的血肠煮开，继续煮 3
分钟关火，捞出晾凉，
切成片，摆入盘中。

④ 蒜泥、姜末、生抽、香油、
醋、食盐放入小碗内拌
匀，食用时当蘸料即可。

·营养贴士· 猪血是理想的补血食品，有解毒清肠、
补血美容的功效。但是猪血不适宜与
黄豆同吃，否则会引起消化不良。

·操作要领· 血肠入锅后要迅速捞出来，否则会变
老。

Chapter 5

鲜香水产凉拌菜

椒麻**鱿鱼**

主料 鲜鱿鱼 300 克

配料 花椒、香葱、姜、醋、味精、精盐、
白糖、酱油、香油各适量

·操作步骤·

① 将鱿鱼洗净切成长段，煮熟，捞出备用。

② 将花椒、香葱、姜一起剁成细茸，再加
酱油、精盐、白糖、味精、醋、香油调
和成椒麻佐料，然后均匀地浇在鱿鱼上
即成。

·营养贴士· 此菜有补血作用，特别对贫血的
女性、闭经期和更年期的女性有
非常好的食疗作用。

草鱼肉**拌菜丝**

主料 草鱼 250 克，白萝卜、胡萝卜、生菜、
黄瓜各适量

配料 干淀粉 50 克，姜汁、料酒各 30 克，
白醋、生抽各 15 克，橄榄油 10 克，
食盐 5 克，鸡精 3 克，植物油适量

·操作步骤·

① 草鱼宰杀洗净，剁下头、尾，沿背骨片
出鱼肉，切成小块，放入碗中加入姜汁、
料酒、适量食盐腌渍片刻。

② 白萝卜、胡萝卜、生菜、黄瓜分别洗净，
切成丝，胡萝卜焯熟，过凉水，沥干水分。

③ 草鱼块放入碗中，裹上干淀粉，下入五
成热的油锅中炸熟，捞出沥油，晾凉。

④ 草鱼肉与蔬菜丝放入碗中，淋入以白醋、
生抽、鸡精、少许食盐、橄榄油调成的汁，
拌匀即可。

·营养贴士· 此菜有降低"三高"、补充蛋
白质的功效。

麻辣鱼条

主料 草鱼肉 300 克，胡萝卜适量

配料 食盐 5 克，料酒、麻油、香醋各 30 克，辣椒油、植物油、白糖各适量，葱段、姜片、生抽、白芝麻各少许

·营养贴士· 草鱼含多种氨基酸，且易被人体消化吸收，是良好的营养食品。

·操作要领· 鱼条炸至金黄色捞出晾凉后，最好再将鱼条放进锅里炸一遍，这样可以使鱼条变得酥脆。

·操作步骤·

① 将草鱼洗净切成小块，放入碗中，加入食盐、料酒、姜片、葱段拌匀，腌渍 15 分钟；胡萝卜切丝，焯熟，备用。

② 将腌好的鱼放入六成热的油锅中炸至金黄色，捞出沥油。

③ 锅中留底油，放入白糖慢火炒出糖色，倒入炸好的鱼，放入生抽、食盐、葱段、姜片、辣椒油、麻油、香醋、清水，改大火烧开水，随后改小火炖 20 分钟，大火收汁，捞出后放入冰箱冰凉。

④ 食用时，以胡萝卜垫底，放入鱼条，撒上白芝麻即可。

金枪鱼**什锦**

主 料▶ 金枪鱼肉 200 克，嫩豆腐、西蓝花
各 80 克，黑豆罐头 15 克

配 料▶ 料酒、姜汁、白醋各 10 克，食盐 5 克，
鸡精 3 克，橄榄油、黑胡椒粉各适
量，白芝麻少许

·操作步骤·

① 金枪鱼肉切成丁，用料酒、姜汁、食盐、
黑胡椒粉腌渍 15 分钟；嫩豆腐切成丁；
西蓝花洗净，焯水，投凉，沥干水分。

② 平底锅中加少许橄榄油，放入金枪鱼煎
至两面金黄，盛出晾凉。

③ 将处理好的金枪鱼、嫩豆腐、西蓝花、黑
豆罐头放入碗中，淋入以食盐、姜汁、白
醋、鸡精、白芝麻、橄榄油调成的味汁，
拌匀即可。

·营养贴士· 金枪鱼能够激活脑细胞，促进
大脑内部活动。

醋拌**木松鱼黄瓜**

主 料▶ 木松鱼 100 克，黄瓜 200 克

配 料▶ 葱白 1 段，姜汁、白醋各 15 克，
花椒油 10 克，食盐 5 克，鸡精 3 克，
黑芝麻少许

·操作步骤·

① 黄瓜洗净，切片，放入碗中加适量食盐，
腌渍 15 分钟；木松鱼切丝；葱白切丝。

② 黄瓜片沥净腌出的水分，加入木松鱼、
葱丝，淋入以姜汁、花椒油、白醋、鸡
精、少许食盐调成的味汁，撒上黑芝麻，
拌匀即可。

·营养贴士· 鱼肉中蛋白质含量为猪肉的两
倍，且属于优质蛋白，人体吸
收率高。

主料 鲅鱼 500 克

配料 酱油 250 克，高度白酒 15 克，葱
段 20 克，姜片 10 克，八角、花椒
各 5 粒，冰糖 20 克，桂皮 3 克，
熏鱼汁、植物油各适量

五香**熏鱼**

·操作步骤·

① 鲅鱼切成 1.5 厘米厚的块，放在通风处控
干水分。

② 在锅中把花椒焙干，放入酱油、葱段、
姜片、冰糖、八角、桂皮，小火熬开，
盛入碗中，加上一些高度白酒。

③ 煎锅中放入适量植物油，放入鲅鱼块，
煎至两面金黄色，把煎好的鲅鱼块放入
熏鱼汁中腌渍 5 分钟，取出装盘即可。

·营养贴士· 鲅鱼含丰富蛋白质、维生素
A、矿物质等营养元素，有
补气、平咳的作用。

·操作要领· 煎鲅鱼块的时候要开大火，
以将鱼块里的油逼出来。

温拌海螺

主 料 海螺 500 克, 青椒、红椒、香芹各30 克

配 料 白醋、料酒各 15 克, 花椒油、食盐各 5 克, 姜汁、蒜末、葱花各适量

·操作步骤·

① 海螺洗净, 放入蒸锅蒸 10 分钟, 将螺肉取出, 去除暗色的内脏部位, 切片。

② 青椒、红椒、香芹分别洗净切粒, 放入碗中, 调入白醋、姜汁、蒜末、葱花、花椒油、食盐、料酒, 拌匀。

③ 螺肉放入碗内, 淋入调好的汁, 拌匀即可。

·营养贴士· 螺肉富含蛋白蛋、维生素和人体必需的氨基酸和微量元素, 是典型的高蛋白、低脂肪、高钙质的天然动物性保健食品。

酸甜脆八带

主 料 八带鱼 300 克, 香菜、青椒、红椒、洋葱各 20 克

配 料 白醋 20 克, 白糖 15 克, 料酒 15 克, 食盐 5 克, 香油 3 克, 鸡精 3 克, 姜汁、香菜各适量

·操作步骤·

① 八带鱼去除牙齿洗净, 切成小块, 放入料酒、姜汁、食盐腌渍片刻; 香菜洗净, 切段; 青椒、红椒、洋葱洗净, 切条。

② 八带鱼放入沸水中焯至断生, 捞出过凉水, 沥干水分。

③ 八带鱼放入碗内, 加入白醋、白糖、食盐、香油、鸡精、香菜段、青椒条、红椒条、洋葱条, 拌匀即可。

·营养贴士· 八带鱼富含天然牛磺酸, 常食能够抗疲劳、抗衰老, 延年益寿, 营养价值很高。

香葱拌八带

主 料 八爪鱼200克,
葱 30 克

配 料 捞汁适量

操作
步骤

①

准备所需主材料。

②

将八爪鱼去除杂质后洗净。

③

将葱切段;八爪鱼切块。

④

将八爪鱼用水焯熟后,放入碗内晾凉,放入葱段,再放入捞汁,搅拌均匀,装盘即可。

烹 饪 心 得

营养贴士：八爪鱼含有丰富的蛋白质、矿物质等营养元素,并且还富含抗疲劳、抗衰老、能延长人类寿命等重要的保健因子——天然牛磺酸。

操作要领：在焯八爪鱼的时候,看到八爪鱼腿打卷,头部硬挺,就说明已经焯熟了。

鱼干葱丝

主料 咸鱼干 100 克，油炸花生米 80 克

配料 姜汁、料酒各 15 克，白醋 20 克，
鸡精 3 克，葱丝、植物油各适量

·操作步骤·

① 咸鱼干提前用温水浸泡一夜，洗净，捞
出沥干水分。

② 将鱼干放入盘中，加适量料酒，蒸锅中
水开后放入鱼干蒸熟，取出晾凉，撕成
小段，与花生米一起放入碗中，加入姜汁、
白醋、鸡精。

③ 锅中放少许植物油，油热后加入葱丝爆
出香味，然后直接浇到鱼干中，拌匀即可。

·营养贴士· 咸鱼虽然营养丰富，但属于腌
制品，所以不要多吃。

豆豉拌鱼干

主料 鱼干 300 克

配料 料酒 30 克，豆豉酱 20 克，白糖 10
克，香油 5 克，姜汁、蒜末、干辣
椒段各适量

·操作步骤·

① 鱼干洗净，用清水浸泡 30 分钟，去除部
分盐分，沥干水分。

② 鱼干放入碗中，加入料酒、姜汁、蒜末
腌渍 30 分钟，控干。

③ 鱼干放入五成热的油锅中略炸，捞出控油。

④ 锅中留底油，加入豆豉酱、白糖、干辣
椒段炒出香味，盛出放入鱼干中，滴入
香油拌匀即可。

·营养贴士· 鱼干中蛋白质含量丰富，是补
充蛋白质的好食物。

小鱼圆葱**拌花生**

主 料➡ 五香小鱼干、油炸花生米各 100 克，
紫皮圆葱头 50 克

配 料➡ 姜汁、香醋、生抽各 15 克，食盐 5 克，
鸡精 3 克，香油、葱花各少许

·操作步骤·

① 紫皮圆葱头切条，与五香小鱼干、油炸
花生米共同放入一个大碗中。

② 取一个小碗，加入所有配料调匀，淋入
碗中，拌匀即可。

·营养贴士· 鱼干中蛋白质含量丰富，
而花生米中植物蛋白也很
丰富，二者可以形成良好
的补充，满足人体所需的
营养物质。

·操作要领· 五香小鱼干本身就是咸的，
所以要少放盐。

三丝**鱼皮**

主 料 鱼皮250克，青椒、红椒各50克，
葱白30克

配 料 芥末油10克，香油5克，食盐3克，
鸡精、胡椒粉各2克，料酒少许，
辣椒油、白醋、白芝麻各适量

·操作步骤·

① 将鱼皮洗净，切成细丝；葱白、青椒、
红椒洗净，切成细丝。

② 将鱼皮丝、青椒丝、红椒丝、葱丝加入芥
末油、香油、白醋、食盐、鸡精、胡椒粉、
辣椒油、料酒拌匀，撒上白芝麻即可。

·营养贴士· 鱼皮中含有丰富的蛋白质和多
种微量元素。

尖椒**拌鱼皮**

主 料 鱼皮200克，青椒、红椒各50克，
黄豆芽少许

配 料 食盐、白糖、鸡精各5克，葱白1段，
白醋、白芝麻各适量，花椒油、料
酒各少许

·操作步骤·

① 鱼皮用温水泡开，洗净切长条；青椒、
红椒洗净，切丝；葱白切丝；黄豆芽
焯熟，备用。

② 将切好的鱼皮条、青椒丝、红椒丝、葱丝、
黄豆芽放入碗中，加入少量食盐、料酒、
白糖、鸡精、花椒油、白醋拌匀，撒上
白芝麻即可。

·营养贴士· 鱼皮中的蛋白质主要是大分子
的胶原蛋白，是女士养颜护肤、
美容保健的佳品。

贡菜拌鱼皮

主料 鲜鱼皮 200 克，贡菜 100 克，绿豆芽、青椒、红椒各 30 克

配料 白醋 15 克，食盐 3 克，鸡精 5 克，花椒油 20 克，香油 5 克，姜汁 10 克，蒜末、生抽各少许

·营养贴士· 鱼皮中的白细胞——亮氨酸有抗癌作用，可以预防癌症、降低癌变的发生率。

·操作要领· 清洗鱼皮的时候，可以用盐、黄酒、醋抓洗，然后冲洗干净即可。

·操作步骤·

① 鲜鱼皮洗净，切成长 5 厘米的细条备用；贡菜洗净切段；青椒、红椒洗净切丝；绿豆芽去头、尾，洗净。

② 锅内加水烧开，放入鱼皮条大火汆 40 秒，取出后立即用凉水冲凉；贡菜段、绿豆芽分别焯水，过凉，沥干水分。

③ 将蒜末、白醋、食盐、鸡精、花椒油、香油、姜汁、生抽调匀成汁，和贡菜段、鱼皮条、青椒丝、红椒丝、绿豆芽拌匀，放入冰箱内冷藏 30 分钟即可。

菠菜**拌海蜇**

主 料 菠菜、海蜇各 400 克

配 料 蒜 4 瓣，小米椒 4 个，生抽、香醋
各 15 克，白糖 2 克，鸡精、盐、香油、
熟芝麻各适量

·操作步骤·

① 菠菜洗净，在锅中焯烫一下，过凉水沥
干水分，切段；海蜇冲洗干净沥干水分；
小米椒去蒂，斜切成两半；蒜瓣切末。

② 取一个小碗加入生抽、香醋、白糖、鸡精、
盐混合拌匀。

③ 将所有食材放入大碗中，加入混合好的
调味料拌匀，淋入香油，撒上熟芝麻拌
匀即可。

·营养贴士· 海蜇有清热解毒、化痰软坚、
降压消肿等功能；菠菜富含铁
质和维生素。

芹菜**拌海蜇皮**

主 料 水发海蜇皮 200 克，芹菜 100 克

配 料 香醋 15 克，生抽、葱油各 10 克，
食盐 5 克，鸡精 3 克，姜汁适量，
麻油少许

·操作步骤·

① 芹菜择去叶子，洗净切成段，放入沸水
中氽一下，捞出投凉，控干；水发海蜇
皮洗净切丝。

② 将芹菜段、海蜇丝放入碗中，淋入以姜汁、
香醋、生抽、食盐、葱油、鸡精调成的汁，
拌匀，淋上麻油即可。

·营养贴士· 此菜具有清热解毒、稳定血压
的功效。

凉拌
海蜇皮

主 料▶ 海蜇皮 300 克，
黄瓜 100 克

配 料▶ 食盐、白糖、鸡
精各 5 克，辣椒
油少许，大蒜、
白醋、生抽各适
量

·操作步骤·

① 海蜇皮用水浸泡半天，然
后切细丝；如果没有及
时浸泡，可以切丝以后，
放入少许食盐，然后加
清水揉搓，反复几次至
海蜇丝柔软即可。

② 黄瓜洗净切细丝；大蒜制
成蒜泥。

③ 将海蜇丝、黄瓜丝放入
盆中，加入蒜泥、生抽、
白醋、白糖、鸡精、辣
椒油，搅拌均匀即可。

·营养贴士· 海蜇的营养极为丰富，每百克海蜇含蛋白质 12.3 克、碳水化合物 4 克、钙
182 毫克、碘 132 微克，可用来清热化痰、润肠通便。

·操作要领· 海蜇皮中富含胶原纤维，如果放在滚水中焯，会缩成一团，失去脆嫩口感，
所以要将其放在温水中浸泡。

黄花菜拌海蜇

主料 海蜇丝 200 克，黄花菜 150 克，胡萝卜 50 克

配料 白醋、香油、蒜泥各适量

·操作步骤·

① 海蜇丝提前用水泡 2 个小时，去掉大部分咸味，然后用白醋泡 30 分钟以上。

② 黄花菜用清水泡 20 分钟，清洗干净，放入沸水锅中焯熟，捞出投凉，沥干水分；胡萝卜洗净切丝。

③ 将泡好后的海蜇丝沥去醋水，放入碗中，加入黄花菜、胡萝卜丝、蒜泥、香油、白醋，调好味即可。

·营养贴士· 这道菜有清热解毒、利水通乳、祛风止痛、止血除烦等功效。

木耳拌蜇头

主料 海蜇头 100 克，黑木耳（鲜）30 克

配料 青蒜苗 1 根，食醋、食盐各适量

·操作步骤·

① 把海蜇头切成小块。

② 把黑木耳洗净，撕成片；青蒜苗切成小段。

③ 将处理好的黑木耳、海蜇头、青蒜苗分别放入沸水中焯熟，捞出沥干水分，放入碗内，放入食醋、食盐，搅拌均匀即可。

·营养贴士· 海蜇的营养十分丰富，含有蛋白质、脂肪、无机盐、钙、磷、铁、碘、维生素 A 等多种营养物质。

醋芥末海蜇

主料 海蜇丝 150 克，白萝卜 100 克

配料 白醋 15 克，芥末油 10 克，食盐 5 克，胡椒粉 3 克，香芹、红椒各少许

·操作步骤·

① 海蜇丝提前放在清水中浸泡 3 小时，洗净，放入沸水中快速焯一下，过凉水，沥干水分。

② 香芹择去叶子，洗净切段；白萝卜用刀片出较厚的皮肉，斜切花刀，再切成条；红椒洗净切丝。

③ 将海蜇丝、白萝卜条、香芹段、红椒丝放入碗中，加入白醋、芥末油、食盐、胡椒粉拌匀即可食用。

·营养贴士· 海蜇含有人体需要的多种营养成分，尤其含有人们饮食中所缺的碘，是一种重要的营养食品。

·操作要领· 为了使海蜇皮口感更好，最好将焯过的海蜇皮捞进冰水中过凉。

糖醋蜇丝

主料 海蜇丝 200 克，白萝卜 100 克

配料 醋、蒜、生抽、香油、白糖、精盐各适量

·操作步骤·

① 海蜇丝反复清洗后，用清水浸泡 4 个小时，然后焯水冲凉，放入碗中备用。

② 白萝卜洗净去皮切细丝；蒜剁成蒜泥。

③ 将萝卜丝、蒜泥倒入装海蜇丝的碗中，依次调入白糖、精盐、生抽和香油，最后调入醋，充分拌匀即可食用。

·营养贴士· 海蜇的营养极为丰富，最独特之处是脂肪含量极低，蛋白质和无机精盐类等含量丰富。

茼蒿拌海肠

主料 海肠、茼蒿各 150 克

配料 辣椒油、蒜碎各适量，蜜汁、食盐、白醋、鸡精、生抽各少许

·操作步骤·

① 茼蒿洗净，切段；海肠去两头后，挤出肚子里的杂物，切成段，用温水稍烫至挺，取出控干水。

② 将海肠段、茼蒿段、食盐、白醋、蜜汁、鸡精、生抽、辣椒油、蒜碎放入碗中，搅拌均匀，摆盘即可。

·营养贴士· 海肠具有温补肝肾、壮阳固精的作用，特别适合男性食用。

青豆
拌海蜇头

主料 ▷ 海蜇头、青豆各
200 克

配料 ▷ 花生油 10 克，香
葱 10 克，白糖 5
克，酱油 5 克

·操作步骤·

① 将海蜇头放清水中漂去沙
质，在水中浸泡 12 个小
时，撕成条块，反复清洗，
捞出沥水，拌入白糖和
酱油，放入盘中。

② 香葱去根洗净，切成葱花，
将青豆煮熟，捞起控水，
拌入白糖和酱油，堆砌
在海蜇头上，将葱花撒
在青豆上。

③ 炒锅烧热，倒入花生油，
油烧沸浇在海蜇上即可。

·营养贴士· 这道菜有健脾、益气、防癌抗癌、清热
解毒、改善血液循环等作用。

·操作要领· 煮青豆的时候可以稍微放点油和盐，以
使青豆保持翠绿。

芹菜心拌海肠

主料 海肠 200 克，芹菜心 80 克

配料 陈醋 15 克，葱油 10 克，白糖 10 克，酱油 5 克，鸡精、食盐各 3 克，香油少许

·操作步骤·

① 海肠剪掉两头带刺的部分，把内脏和血液洗净，沥干水，切成段；芹菜心洗净，切成段。

② 锅中烧开水，分别加入芹菜心段、海肠段焯水至断生，捞出过凉水，控干水分。

③ 将芹菜心段、海肠段放入碗中，加入所有配料拌匀即可。

·营养贴士· 海肠有温补肝肾的功效，而芹菜则能稳定血压。

金针拌海肠

主料 海肠 200 克，金针菇 150 克，香芹、红椒各 30 克

配料 辣椒油 10 克，白醋、生抽各 15 克，香油 5 克，食盐 5 克，蒜末、姜汁各少许

·操作步骤·

① 海肠去两头后，挤出肚子里的杂物，斜切成段，放入沸水中快速汆烫至直挺，取出控干水。

② 金针菇择去老的部位，洗净，放入沸水中焯熟，捞出过凉水，沥干水分；香芹洗净切段；红椒洗净切丝。

③ 将处理好的海肠、金针菇、香芹、红椒放入碗中，分别调入所有配料，拌匀即可。

·营养贴士· 海肠个体肥大、肉味鲜美，富含蛋白质和多种人体必需氨基酸。

小虾仁拌香芹

主料 香芹 200 克，小虾仁 100 克

配料 食盐 5 克，花椒 10 粒，香油、鸡精、姜各少许，白醋、植物油各适量

·营养贴士· 虾中含有丰富的蛋白质、碘、铁、钙、磷、虾青素等。

·操作要领· 香芹焯水的时间不要太长，否则会影响其清脆的口感。

·操作步骤·

① 香芹洗净切段；香芹段、小虾仁分别放入沸水锅中焯水至断生，捞出后投凉，沥干水分；姜切细丝。

② 将香芹段、小虾仁放入碗中，加入食盐、香油、鸡精、姜丝、白醋。

③ 锅中放少许植物油，加入花椒爆香，浇在香芹与虾仁碗中，拌匀摆盘即可。

虾干**拌莴苣**

主料 虾干100克，青椒50克，水果萝卜（青萝卜）150克，莴苣200克

配料 食盐、味精各3克，白醋25克，香油适量

·操作步骤·

① 青椒去蒂、去籽，洗净切丝；水果萝卜、莴苣去皮切丝；虾干洗净备用。

② 锅中注入热水，将青椒丝、水果萝卜丝、莴苣丝略焯，盛起控水，在沸水锅中加入虾干，焯熟后盛起。

③ 将青椒丝、水果萝卜丝、莴苣丝、虾干一起放在大碗中，均匀拌入食盐、味精、白醋、香油即可。

·营养贴士· 莴苣含钾量较高，有利于促进排尿、减少对心房的压力，对高血压和心脏病患者极为有益。

虾皮**拌尖椒**

主料 虾皮80克，青尖椒200克，红尖椒100克

配料 食盐、味精各3克，陈醋25克，大葱、生姜、大蒜各5克，植物油、香油各适量，菜心少许

·操作步骤·

① 青尖椒、红尖椒去蒂、去籽，放入沸水中焯熟后装入碗中；虾皮用温水泡开洗净，放在尖椒上；大葱去根，洗净切末；大蒜、生姜去皮，洗净切末；菜心洗净焯熟放入碗中。

② 热锅内注入植物油，先后放入姜末、蒜末、葱末、食盐、味精，爆香后关火加醋、香油，去渣留汁，淋在碗里，拌匀即可。

·营养贴士· 这道菜可以用来治疗神经衰弱、自主神经功能紊乱等症。

香菜拌虾皮

操作步骤

主 料 粉皮 150 克，虾皮 50 克，香菜适量

配 料 红辣椒 1 个，捞汁适量

准备所需主材料。

将红辣椒切丝；香菜切段。

将虾皮用水泡上，将粉皮洗净。

将虾皮、粉皮、红辣椒丝、香菜段放入碗内，倒入捞汁搅拌均匀即可。

烹饪心得

营养贴士：虾皮矿物质数量、种类丰富，特别适宜于体质赢弱的老人食用。

操作要领：为了节省时间，虾皮最好用热水泡。

贡菜**拌鳝丝**

主 料 清水贡菜 200 克，鳝丝 150 克

配 料 大蒜 10 克，生姜 5 克，食盐 3 克，陈醋 30 克，香油适量

·操作步骤·

① 将贡菜洗净切段；鳝丝洗净；大蒜、生姜去皮，切粒备用。

② 在锅中注入清水，沸腾后加入贡菜段，烫熟捞起；在沸水锅中下入鳝丝，煮熟捞起，放在贡菜段上。

③ 将生姜、大蒜、食盐、陈醋、香油调匀，淋在鳝丝和贡菜上即可。

·营养贴士· 此菜于肾阳亏虚、阳痿、腰痛、腰膝酸软、畏寒肢冷、面色苍白等症，有意想不到之功效。

冰镇**海参**

主 料 活海参 300 克，西红柿 60 克

配 料 冰块 500 克，酸辣酱适量，点缀物少许

·操作步骤·

① 将海参洗净，入沸水锅中烫熟，投凉。

② 西红柿洗净，切片备用。

③ 碗中放入碎冰块，倒入海参、西红柿，插上点缀物，食用时蘸酸辣酱即可。

·营养贴士· 海参具有增强人体免疫力、辅助治疗糖尿病、病后或术后修复的作用。

海虹拌菠菜

主料 海虹 300 克，菠菜 100 克

配料 干红辣椒、食用油、食盐、味精各适量

·操作步骤·

① 将菠菜、干红辣椒洗净切段；海虹洗净焯水，至海虹开口后捞出，剪去足丝，投凉。将海虹放沸水中煮熟后去掉外壳。

② 将菠菜段洗净后放入沸水锅中焯一下水，捞出控水后切段。

③ 锅内放入食用油，油热后放入干红辣椒段过一下油，制作成辣椒油。

④ 将菠菜段和海虹放入碗内，浇上辣椒油。碗内放入食盐、味精，搅拌均匀即可。

·营养贴士· 海虹的营养价值相当高，富含蛋白质、脂肪、糖类、无机盐、多种维生素，还含有碘、钙、磷、铁等微量元素和多种氨基酸。

·操作要领· 菠菜焯水时要用大火，焯的时间要尽可能短，以减少营养的流失。

菠菜拌毛蛤蜊

主料 毛蛤蜊、菠菜各 250 克

配料 生姜 10 克，葱白 15 克，食盐 3 克，
鸡精 2 克，香油、香醋、姜末各少许

· 操作步骤 ·

① 毛蛤蜊煮熟取肉；姜切末；葱白切丝。

② 菠菜择洗干净，焯水过凉，沥干水后切
成段。

③ 将毛蛤蜊肉、菠菜段、食盐、香醋、鸡精、
香油、姜末、葱丝拌匀，装盘即可。

营养贴士 毛蛤蜊性温、味甘，有补血、
健胃的功效，适宜虚寒性胃痛、
消化不良以及气血不足、营养
不良、贫血和体质虚弱之人食
用。

刺身毛蛤蜊

主料 新鲜毛蛤蜊 250 克，樱桃番茄、苦
菊各少许

配料 冰块 800 克，芥末膏 15 克，酱油、
白醋各 10 克，盐水适量

· 操作步骤 ·

① 新鲜的毛蛤蜊放到盐水中泡 2 个小时，
吐净泥沙，冲洗干净；樱桃番茄切片；
苦菊取嫩心，洗净。

② 毛蛤蜊去掉一半壳，放到垫有冰块的盘
中，利用樱桃番茄片、苦菊做装饰，摆盘。

③ 将芥末膏、酱油、白醋拌匀，和毛蛤蜊
一起上桌，吃时蘸用。

营养贴士 这道菜有软坚散结、滋阴生津、
养肝护肝、促进生育、增强免
疫力等作用。

芥末
扇贝

主 料 扇贝 500 克

配 料 酱油 15 克，芥末
膏 10 克，豆蔻粉
5 克，葱花少许

·操作步骤·

① 扇贝撬开，去除黑色的内
脏和黄色的睫毛状鳃，
取出贝肉放入清水中洗
净；取适量贝壳用刷子
刷干净。

② 锅中烧开水，放入贝肉快
速焯水，捞出过凉水，沥
干水分，贝壳放入水中焯
一下，捞出过凉水，沥干
水分，摆在盘边做装饰。

③ 芥末膏、豆蔻粉拌匀，与
酱油分别淋在贝肉上，
撒上葱花即可。

·营养贴士· 扇贝含有丰富的维生素 E，可抑制皮肤衰老、防止色素沉着、驱除因皮肤
过敏或是感染而引起的干燥和瘙痒等损害。

·操作要领· 挑选扇贝时一定要挑选外表有光泽且大小均匀的扇贝，太小的扇贝里面
肉少，食用价值不高。

巧拌**鲜贝**

主 料 鲜贝 100 克，黄瓜 150 克

配 料 酱油 4 克，醋 5 克，香油 3 克，白糖、精盐各 3 克，葱、蒜各 5 克，姜 2 克，辣椒酱适量

· 操作步骤 ·

① 将黄瓜洗净去皮，切成菱形块，装盘；葱、姜、蒜均切末。

② 将鲜贝肉洗净，下入开水锅内烫熟，过凉，控干水，切小块放在黄瓜上。

③ 将葱末、姜末、蒜末、酱油、白糖、精盐、香油、醋调匀成汁，倒在鲜贝肉上，吃时拌匀。

④ 将辣椒酱装小碟放在旁边，吃时可以蘸食。

· 营养贴士 · 此菜具有清热解暑、增加食欲的功效。

海鲜汁**腌小海螺**

主 料 小海螺 500 克

配 料 葱段、姜片各 30 克，黄酒 50 克，美极鲜酱油 15 克，白糖 10 克，干辣椒段适量，香叶、花椒、食盐各少许

· 操作步骤 ·

① 锅中加入清水、香叶、花椒、干辣椒段、葱段、姜片、食盐烧开，下入洗净的小海螺，煮 2 分钟后关火，自然晾凉。

② 晾凉后的小海螺放入一个大碗中，倒入适量原汤，加入黄酒、美极鲜酱油、白糖，腌渍约 1 个小时后即可食用。

· 营养贴士 · 小海螺味甘、性凉，有醒酒、清热明目、治疗心腹热痛等作用。